包装设计
艺术与方法实践

郑小利◎著

中国纺织出版社有限公司

图书在版编目（CIP）数据

包装设计艺术与方法实践 / 郑小利著. -- 北京：
中国纺织出版社有限公司, 2022.10
　ISBN 978-7-5180-9792-0

　Ⅰ. ①包…　Ⅱ. ①郑…　Ⅲ. ①包装设计—教材　Ⅳ.
①TB482

中国版本图书馆CIP数据核字（2022）第148969号

责任编辑：赵晓红　　责任校对：高　涵　　责任印制：储志伟

中国纺织出版社有限公司出版发行
地址：北京市朝阳区百子湾东里A407号楼　邮政编码：100124
销售电话：010—67004422　传真：010—87155801
http://www.c-textilep.com
中国纺织出版社天猫旗舰店
官方微博http://weibo.com/2119887771
天津千鹤文化传播有限公司印刷　各地新华书店经销
2022年10月第1版第1次印刷
开本：710×1000　1 / 16　印张：15.25
字数：224千字　定价：88.00元

凡购本书，如有缺页、倒页、脱页，由本社图书营销中心调换

前言

  产品的包装是各类商品进入市场的宣传载体,是商品的说明书,是企业的形象,是销售的策略,是产品的广告。包装设计是融科技、艺术于一体的交叉学科,是现代企业与消费者之间沟通的重要媒介,是实现保护产品、方便运输、提高产品经济附加值和促进产品销售的重要手段,是运用商品打开市场、赢得消费者购买力的关键因素,它在商品的生产、流通、销售以及消费领域中,发挥着难以替代的重要作用。包装设计包含了造型设计、结构设计、图形设计、文字和色彩的设计等诸多视觉传达的语言,涉及材料、成型工艺、印刷等工程技术环节,同时离不开消费心理学、市场营销等方面的知识,所以是充满商业性的艺术设计。

  包装设计是一种独特的艺术形式,它运用图形、文字、色彩等要素向消费者传达商品的属性和使用信息等。在商品经济竞争激烈的今天,包装扮演着越来越重要的角色,它和商品已经成为不可分割的整体。包装除了具有保护商品、传递信息、宣传商品、促进销售、使用便利的功能外,还能为商品带来更多的附加值,同时也成为企业宣传和提升品牌的重要手段之一。包装设计是一项系统工程,它逐渐呈现出跨学科、跨专业、跨文化的特性。包装设计是社会经济发展的一面镜子，能够直接反映出社会经济水平、科技发展水平，以及人们的价值取向、消费观念和消费水平，也能及时反映出时代的精神风貌、文化内涵与美学风尚。

包装艺术设计是科学与艺术的结合。包装艺术设计是消费和生产企业间利益的桥梁和纽带。包装艺术设计并非一般的艺术设计或文化创作，主要以"人性的风格"反映商品物性，面向大众、面向市场，从而适应所有消费者的设计，它是对人的思维见解，并通过设计体现产品特性的高度表现方法。

本书展现了包装设计的发展历程、设计要素、包装材料与工艺以及创意设计表现等内容。在详细介绍包装设计基本理论的同时，也非常重视设计学科相互影响的综合性。在理解理论知识和进行实践操作的过程中有一定的参考性，有助于提高学生的审美水平和培养学生将形象思维与逻辑思维、发散思维与聚合思维相结合，从而更好地激发学生的设计创造潜能。

郑小利

2022年4月

第一章　包装设计概述

第一节　包装概述

什么是包装？我们先来看看世界各国对包装的解释。在美国，人们认为包装是一种产品的运输与销售的前提准备；在英国，人们认为包装是一种货物在运输和销售中所做的艺术、科学和技术上的准备；在加拿大，人们认为包装是一种将产品由供应者运送到顾客或消费者手中并且能保持产品完好状态的工具；在中国，人们认为包装是一种在流通过程中方便产品运输且能保护产品、促进销售的辅助物的总称。

综上所述，包装是为了保证物品完好这个基本功能而衍生出的设计形式，这在世界上已经达成了共识。包装设计是一种将形状、结构、材料、颜色、图像、排版样式以及其他辅助设计元素与产品信息联系在一起，从而使一种产品更适于市场销售的创造性工作。包装的目的是盛放产品，对其进行运输、分配和仓储，为其提供保护并在市场上标示产品身份和体现产品特色。包装设计以其独特的方式向顾客传达出一种消费品的个性特色或功能用途，并最终达到产品营销的各项目标[1]。

通过一个综合性的设计方法体系，包装设计运用了多种工具来解决各种复杂的营销难题。集思广益、研究探查、试验和战略考量就是把视觉信息和语言信息加工提炼成一种概念、理念或设计策略的基本方法。从而通过一种有效得当的设计策略就能将产品信息传达给消费者。

包装设计必须作为一种具有美感的沟通手段而与来自不同背景、具有不

---

[1] 张洁敏.高职包装设计课程项目化教学模式研究[J].郑州铁路职业技术学院学报,2022,34(1)：78-80.

同兴趣爱好和人生阅历的人们进行交流,因此将人类学、社会学、心理学、人种学和语言学等方面的因素纳入考虑范畴,将会有益于设计过程的顺利进行以及设计方案的取得。具体而言,对于社会和文化差异、人类非生物学方面的行为规律,以及文化偏好和文化特征的认识会有助于我们理解视觉元素是如何进行沟通传达的。对心理学的了解,对人类心理过程和行为方式的研究都有助于我们分析人们通过视觉感知产生行为动机这一过程。对语言学基础知识,包括语音学(语音、拼写)、语义学(语言含义)和句法学(语言组织)的掌握则可指导我们正确使用和应用语言。此外,数学、建筑学、材料科学、商业及国际贸易等领域也与包装设计直接相关。

包装设计的核心就是解决视觉传达问题。无论是推出一种新产品还是改进现有产品的外观,各种创造性技能——从构思、演示到三维立体设计、设计分析和解决技术问题——就是解决设计课题、构筑创新方案的主要手段。纯粹具有美感的包装设计未必就能取得令人满意的销售业绩,因此,包装设计的目标也就不能只是创造出徒有视觉吸引力的设计作品。通过恰当的设计方案,创造性地达成销售者的战略目标才是包装设计的首要功能。

第二节 包装的发展历程

一、萌芽时期

包装设计的史前时代从人们对私有财产的需求开始。早在公元前8000年,人们就已经开始利用各种天然材料,如编织的草和布、树皮、树叶、贝壳、黏土陶器和粗糙的玻璃器皿等来制作盛装货品的容器了。中空的葫芦和动物膀胱就是玻璃瓶的前身,兽皮和树叶则是纸袋和塑料包装纸的先驱❶。

在原始社会的晚期距今4000—10000年的新石器时代,社会的第一次生产大分工开始发生。考古证明,我国新石器时期的仰韶文化,已由母系社会转向父系社会,而龙山文化则出现了农业、制陶、牧畜、手工业等经济生产部门分工得到显著发展。生产力的发展、劳动者的社会分工和剩余产品的出现奠定了私有制的基础。同时,由于劳动者的技术专业化倾向,使各个劳动者在生产

---

❶焦丽.试析现代包装设计发展的潮流与趋势[J].北京印刷学院学报,2021,29(S2):4-6.

活动中所生产的产品品种和数量都不尽相同,劳动者总是倾向于从事自己所熟练的技术生产,因此,为了满足个人的需要,开始出现物与物的交换,这便是最初级的商品交易形式。包装此时更多的功能是用于保护产品在交换中的完整性。

陶器的发明是人类文明发展到一定程度的产物,也是人类社会发展史上划时代的里程碑。原始农业的不断发展,为人类提供了比较可靠稳定且可供食用的谷物。由于谷物属于颗粒状的淀粉物质属性,不像野兽的肉体便于在火上烧烤食用,加之剩余的食物需要储藏起来,因此,随着农业经济的发展和定居生活的需要,先民对于烹调、盛放和储存食物及汲水器皿的需要越来越迫切。陶器一出现,便作为原始时期先民主要的生活用品,它可以汲水、存水、饮水,还能烧水和烧炙、保存食物,并且大大改善了人类的生活条件,使人类生活发生了质的飞跃,在人类发展史上开辟了新纪元。

二、成长时期

随着生产力的不断提高,生产资料的不断丰富,越来越多的剩余产品开始逐渐进入初级的流通领域,简单的物与物交换由代表物品价值的货币买卖所取代。市场竞争不断发展进步,为了吸引消费者的兴趣,把商品销售出去,就必须把产品陈列于市场,这时包装的功能就不再仅仅停留在之前的保护功能上,它开始渐渐起到传递产品信息、促进产品售卖的作用。

在漫长的封建制社会条件下,中国的手工业逐渐发达,商业活动十分繁荣,陆上和海上两条"丝绸之路"及"茶马古道"的开拓架起了中国与西方世界的商业交流的平台,包装也在这些商品的销售活动中扮演着越来越重要的角色。

北宋时期的商品种类增多,各种类型的集市相继出现。许多农副产品和手工业品开始转向市场,成为重要的商品。商家比较注重商品的包装以及为自己的商品做广告。

在中国历史博物馆内,陈列有一张中国宋代"济南刘家功夫针铺"的印刷广告,这是中国现存最早的广告同时也是一张完整的包装纸。广告是用铜版印制的,四寸见方,正中为白兔抱铁杵捣药的插图,如图1-1、图1-2所示,其功用已经相当于今天的商标。图中左右两边写着"认门前白兔儿为记",提醒人们认清白兔品牌,图的下面还有一些关于商品及销售方面的说明文字:"收买上等钢条,造功夫细针,不误宅院使用;转卖兴贩,别有加饶,请记白。"通过这张包装纸的例证,我们可以发现许多包装设计所必需的要素——商标、商品名、插画、广告语、商品相关信息(产品的原料、质量、使用效果及优惠办法)等。

图1-1 宋代"济南刘家功夫针铺"的雕版广告

图1-2 宋代"济南刘家功夫针铺"的雕版

北宋画家张择端的《清明上河图》形象地反映了开封城内繁华的商业景象:城内店铺林立,贸易兴隆,早市、夜市昼夜相连,酒楼、茶馆等错落有致。在《清明上河图》中我们也可以发现各式各样的包装,或捆绑形式或内外多层形式,材料也是多种多样,有麻布、竹编、木材、纸料、皮材等。

宋、元时期,南方的经济、文化超过了北方,酒具生产也更趋多样化和地方化,出现了玉壶春瓶、梅瓶等特制的酒瓶。玉壶春瓶是一种撇口、细颈、垂腹、圈足,以变化柔和的弧线为轮廓线的瓶类,其功能一方面是实用性强,口部易于封闭;另一方面,也是在为酒做广告。据专业人士考究,"玉益春"是一种酒的名字,而这种酒在当时(宋代)是"江州(或邻近地区)有名的上乘好酒",具有一定的知名度,由此推断,盛装这种酒的瓶子可能是某种固定的造型(撇口、细颈、垂腹、圈足的造型),因为这种酒长期盛行不衰,酒瓶的形状也为人们所熟悉,久而久之,人们便把这种造型的瓶子叫作"玉壶春瓶"。综上所述,我们可以看出包装在商品交换活动中的销售功能已十分重要。

明朝中晚期,扬州商业十分繁荣,但沿海地区外贸口岸进出口商品的包装则多为外国商家所设计。

三、发展时期

18世纪末至19世纪初的工业革命带来了生产力的大发展。随着商品的丰富和市场交易的迅速扩大,包装开始成为商品流通的环节,包装设计作为销售媒介有目的地引导消费,被赋予了新的使命。

纸板作为包装材料始于19世纪。1871年出现瓦楞纸,并大量生产成纸盒;1895年出现了软管包装牙膏;1897年,第一次用纸盒包装饼干;1927年,聚氯乙烯被引入包装工业,包装材料从此发生了根本性变化,应用范围日益广泛。纸张、塑料、金属、玻璃已逐渐成为包装材料的四大支柱。

除了包装材料种类的拓展,包装设计在思想上、设计理念上也产生了巨大的转变。随着商品经济的发展和市场交易的扩大,西方国家的包装设计改变了以往单纯贮存物品的静态特征,而商品包装作为销售性媒介,被历史性地赋予了新的使命。1930年,由于全球经济不景气,人们的消费意愿下降,厂家为了促进销售,开始重视对包装的设计和研究,希望借助包装及广告形式的改变来促进商品的销售,并通过加强包装的功能来提高商品的附加值。

19世纪中后期,我国也开始出现商业包装设计。1879年,广东巧明火柴厂生产的太和舞龙牌火柴的彩色印刷包装;1894年,印有游龙和祥云纹样的火柴包装;1905年,南阳兄弟烟草公司生产的白金龙牌香烟包装等,都是我国近代包装设计的写照,如图1-3~图1-5所示。精美的包装设计在销售过程中扮演了重要的角色,这种形势直接刺激了商品包装事业的迅速发展,使现代包装不仅成为销售的媒介,而且成为市场竞争的有力武器。

图1-3 广东佛山巧明火柴厂出品的"太和舞龙"火花

图1-4 上海大中华火柴公司出品的"游龙"大花

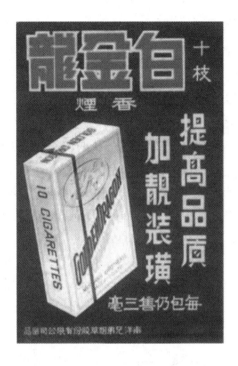

图1-5 白金龙牌香细包装

20世纪80年代初期,回收再利用的包装设计观念应运而生。在政府的倡导和各民间组织的努力下,出现了可持续发展的"绿色主义"的新观念,并成为20世纪90年代乃至21世纪包装设计的新导向。

四、世界包装设计发展简史

(一)资本主义社会的发展

早在5世纪到15世纪,中国、古罗马和中东出现的那些商业社会的早期形式,就是在以牟利为目的的货品分配中获得了各自的角色定位。随着人们频繁地游历世界各地,货物也被输送至更远的地方,于是就迫切需要大量能够盛装货物的容器。

公元330年的香料贸易、公元500年的饮用咖啡的风尚,还有公元800年发展壮大的葡萄酒产业都表明,在这些早期的社会经济中,物品已经不仅仅在邻里之间被共享和交换,而且还会被商人们从一个村庄带到另一个村庄,甚至更远的地方。欧亚之间的丝绸之路使得人们能够将货物从大陆的一端运送至另一端。在这些商道的交点,各种文化和宗教交相融合,进行交易的各式货品需要被盛装起来。

到了公元750年，陶制的瓶子、坛罐等已被广泛使用。技艺精湛的工匠们还手工制作出各种瓷器及其他装饰性容器，用以盛装香水和油膏。

(二)书写的历史

在古代，人们通过图像画面从视觉上将各种产品区分开来，如今我们所知的包装行业就起源于此。苏美尔人的符号，或称象形文字，使得人们的沟通交流从一种口头语言进化为一种书写文字，从而使各种信息得以在岁月流逝中保存下来。

随着书面交流的诞生，适于书写的材料应运而生。从公元前500年到公元前170年，纸莎草纸卷和由干燥处理后的芦苇制成的羊皮纸逐渐发展成为第一批便于携带的书写材料。

世界上最早的纸张诞生于公元105年的中国西汉时期，汉和帝时期的一名朝廷官员蔡伦发明了造纸术。在西汉时期，人们不仅将纸张用于文字书写，还把它作为壁纸、卫生纸、餐巾纸和用于包装的包裹材料，如图1-6所示。

图1-6 古代造纸工艺流程图

在其后的1500年间，造纸工艺不断演化发展，先传到越南、朝鲜、日本等国,然后在大约公元751年的时候传到阿拉伯地区,并继续向西传播,随后传到欧洲国家。17世纪,造纸工艺传至美洲。

(三)印刷技术的推动

印刷起源于中国。公元前305年,中国发明了世界上首批木质印版,并在宋仁宗庆历年间(1041—1048)发明了泥活字版。1200年,马口铁印版(即以镀锡薄钢板作为承印材料)在波希米亚地区诞生,由此,印刷行业在欧洲各地得以确立。大约在1450年,约翰·古登堡发明了印刷机,引发了大众传播领域内的一场革命。

(四)视觉传达的开端

由中世纪过渡到近代世界的文艺复兴时期,平面设计的概念逐渐成形。书本设计推陈出新,各种漂亮的版式风格、插图、装饰和页面布局也纷纷发展起来,进而被引入视觉传达的其他领域。

16世纪中叶,德国早期造纸商开始在产品外附的包装纸上印上制造者的姓名,并在包装纸上印制各类装饰图案,从而成为一种推销纸类产品的手段。这些包装纸就是包装设计的最早记录。为颁布法律和政令而把广告牌和"大幅印刷品"张贴在建筑物的侧面的做法就是广告的最初形式。后来,广告成为展现早期包装设计的一种媒介。在早期的英国报纸上,商贩们会展示出他们的产品,如带印刷标签的药瓶和饰有图案的卷烟纸等,以此告知公众或者"进行广告宣传"。在包装设计中贯穿着这样一个理念,即包装所提供的视觉体验是销售活动中的关键因素。

人们需要通过图形画面传达信息,于是各种设计领域也就应运而生,并与日常生活在物质方面的各种需求融为一体。随着商品的价格更为低廉、种类也日趋丰富,贸易取得了稳步增长,相应地也需要扩大包装的品种范围,以便为货物提供更妥善的保护和储存服务。就本质而言,这种实体容器或包装与内盛产品的书面宣传相结合的形式就是当今包装设计的基础。

(五)工业化的社会背景

18世纪的欧洲经历了商业的迅猛扩张,城市发展突飞猛进,社会财富也从富有阶级流向工人阶级,进而得到更为广泛均匀的分配。各种技术改进也大大缩短了生产周期,从而与日益增长的人口数量相适应。大规模生产方式使人们都能以更低的价钱购得各类物品。

处于成长阶段的中产阶级对于卫生尤为关注,于是在他们的家中出现了两个独立空间：厕所和浴室。因此，个人护理产品的市场也随之扩张，肥皂和其他卫浴用品的包装设计就反映出了这类新兴产品的奢侈品位。带有设计包装的各类产品，如瓶装啤酒和解毒剂、鼻烟壶、罐装水果、别针、烟草、茶叶和香粉，都起到了明确生产商身份和宣传产品用途的功能。

盾形徽章是早期包装设计中常见的画面元素，这些象征符号至今仍被用于包装设计之中，尤其在啤酒和白酒类产品中被广泛应用，从而给人以经典纯正、高贵典雅和值得信赖的感觉。早期的包装设计显然是为富有的上流社会而设计的。

19世纪初期，欧美地区的人口数量逐渐增长，木盒和黄麻袋是当时广泛采用的包装材料。随着人们对消费品的需求开始增长，锡、玻璃和纸袋纷纷被开发出来，成为具有重要意义的包装原料。

1817年，在中国人发明造纸术一千多年以后，世界上第一个商用纸板箱在英国被制造出来，并在19世纪末形成了一次革命性的大发展。1839年，纸板包装开始了商业化生产，在其后的10年，专为配合各式各样产品的纸箱纷纷被生产出来。19世纪70年代，瓦楞纸作为一种更为坚固的辅助包装材料被发明出来并用于多种物品的同时运输。随着各生产商之间的激烈竞争，各种专门设备也被研发出来以便提高生产效率并降低成本。

1900年左右，纸板箱逐渐取代自制纸盒和木质板条箱被用于商业交易，这也是我们如今所知的谷类食品包装盒的起源。20世纪50年代，美国和英国的纸盒制造和马口铁罐加工行业都取得了显著发展。随着商业贸易的不断扩张，机械设备不仅要能够制造出纸盒，还要能够称量、填装产品并进行封口。

1906年，美国出台的《纯净食品及药品法》，禁止商家们使用虚假或易造成误解的产品标签，这就是最早对包装设计实施管理的法律规定之一。1913年新增的古尔德修正案要求包装上说明食品的净含量。该修正案规定，如果外部包装未能清晰标示内盛产品的数量，诸如重量、尺寸或单位个数，那么这款包装就是虚假包装。

19世纪，产品与包装材料及设计之间的相互依赖关系已经到了无以复加的程度。在消费者的心目中，这种联系正在逐步形成——产品和包装被视为同一体。

附有注册商标的产品体制逐步确立起来，如亨氏、象牙和雀巢都积极致力于使其产品对公众更富吸引力，并通过广告宣传让自己成为全球知名品牌。产品的包装设计纷纷出现在报纸广告、宣传目录、广告牌和海报上，这种通过

画面进行广告宣传的形式对包装设计的发展产生了深远的影响,如图1-7~
图1-9所示。

图1-7　1890年亨氏食品公司的包装设计

图1-8　19世纪的食品包装设计

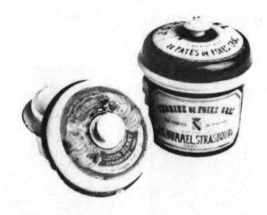

图1-9　19世纪的包装设计

　　1910年,世界上第一家铝制品工厂在瑞士开业,随之出现的铝箔材料使生产商们能够更为高效地封存药物及其他易受空气污染的产品,如烟草、巧克力。20世纪20年代初,玻璃纸的发明标志着塑料时代的到来。

　　自此以后每10年都会出现一种新型塑料。如今,各种塑料产品配方各异,形态千差万别,已经成为产品生产及包装生产领域内应用最为广泛的材料之一。

　　20世纪40年代中期,冷冻食品的包装得到了改进。在战时配给制度过后仍被视为奢侈品的蔬菜及鱼类产品也被引入冷冻食品领域。马口铁、钢和铝都是当时用于包装罐类生产的主要材料。铝罐和喷雾罐取代了笨重的钢罐,并成为用于液体、泡沫产品、粉状产品和油脂类产品分配和销售的一类经济实惠的包装。饮料罐则于20世纪30年代中期在美国首次上市。如图1-10、图1-11所示。

图1-10　20世纪20年代以后的包装设计

图 1-11　20 世纪中期的包装设计

（六）包装设计的发展

20 世纪 30 年代早期，包装已经发展为一个成熟产业。各式各样的出版物为供应商、设计师和客户们提供了该领域的最新信息。例如，1927 年面市的《现代包装》和 1930 年创办的《包装报告》都显示出这一新兴行业的复杂特性，即消费品公司需要与包装设计和广告界的精英们、包装材料生产商们、印刷商们以及在生产过程中扮演各种角色的其他人员展开密切合作。

广告公司已经开始提供包装设计方面的服务。而对于某些消费品行业的公司来说，如雅芳公司对于包装设计的需求是如此强烈，以至于要专门聘用一批设计人员作为公司的员工。虽然外观必不可少，但是对于安全性、使用的方便性和生产成本的考虑以及对材料的选择却是引导创意工作的关键因素。这种工作方法在包装设计发展的早期就已被确立下来。

第二次世界大战对包装设计产生了深远的影响，其中之一就是超级市场和包装食品的迅猛发展。以前是本地店员称量和包装产品，后来包装好的产品则独立存在于这个新型市场中。以前，消费者们要依赖于杂货商们为其提供产品信誉，后来这种依赖程度逐步减弱，这也大大改变了市场的运作方式。虽然此时的许多货品仍以散装形式销售，但是在美国，大规模的销售模式已经使产品的销售采取了独立包装形式。

20 世纪 40 年代末，自助式销售商店的兴起使包装设计必须能被顾客们很快识别出来，因此，当时产品包装也被称作“沉默的售货员”。然而，缺少了推销员，对某种特定商品大张旗鼓地进行宣传也就无从谈起。于是，包装设计进一步演化为一个更富活力的行业领域,其目的是使消费产品对大众更具吸引力,并令品牌知名度成为产品推广过程中不可或缺的部分。这一新兴的市场领域内充满竞争,而包装设计的责任就是推广一种品牌,并使该包装能在零售货架上占据显赫的位置。于是,食品生产商摇身一变,成了食品推销商,品牌管理、产品营销、广告和包装设计方面的咨询机构也随之大量涌现。

20世纪60年代,包装设计行业在诸多方面有了长足发展。

首先,开始对消费者权益进行保护。1962年,肯尼迪专门就消费者权益向美国国会做了一次总统演说,这也是有史以来第一次。肯尼迪在这次演讲中表示,政府需要对消费者在产品的安全性能、产品信息、产品选择、产品的新鲜度、产品的便利性和产品的吸引力等方面的权益实施保护。

其次,美国航天科技方面的杰出成就也带动了包装材料和包装技术的不断向前发展。管式包装、冻干粉、挤压式铝质软管以及铝箔包装制成的饮料包装被研发出来,从而为产品提供更好的保护,并使产品的保质期更长久,使用更便捷。

最后,排版技术的大大提高,为包装设计迅速地传达出产品的形象特征提供了有力支持。随着照相排版的出现,设计师们可以更自如地对字间距和行距加以控制。精湛的排版技术也成为一种备受公众欣赏的艺术形式。

商家们认为大多数商品均已反映出了消费者的性别角色、社会等级、人种及其他群体特征,进而确立起它们对不同消费群体的特有亲和力。例如,有些符合女性品位的精致标签,却不能博得大多数蓝领工人的喜爱。销售商们意识到,人们的品位、兴趣各异,不同的标签会博得不同顾客群体的好感,因此,品牌形象才是提高产品销量的关键因素。

生产商们迫切需要得到富有鲜明特色的销售包装,于是各种新材料和新结构也应运而生。包装设计师们不仅需要使现有设计适应于各种新流行的包装形式,还要满足来自各方面的综合要求。

20世纪70年代,一些包装设计事务所已经拥有了海外办公室。雷蒙德·罗维的各家设计师曾先后为麦斯威尔、亨氏、桂格燕麦片、象牙牌肥皂等品牌和产品提供包装设计业务。包装设计已经成为明确表达生产商营销策略的一种方式,而不仅仅是人们先前认为的容器外加广告牌。

20世纪80年代,大型购物中心和超级市场发展壮大,进一步刺激了产品需求。各大超市纷纷拓展食品运作规模,进而为顾客们提供了各式各样预先烹制好的外卖食品。超市内设立的若干专门店面,促进了包装设计朝着一个全新的方向发展,并且也扩大了商家们对产品销售和展示系统的需求。在这个充满激烈竞争的时期,超市里销售的产品更加依赖于包装设计以取得成功。

维护包装设计师利益的各种设计协会纷纷扩大其网络联系的目标,致力于增加公众对该行业的了解程度和促进设计专业人员之间的沟通交流。各个组织机构,如包装设计委员会(美国)、设计委员会(英国)、日本包装设计协会、泰国包装协会和世界包装协会的成员都在其本国以及世界范围内获得了公众的认可。

20世纪90年代,同一家生产商制造的多种产品通常都是通过统一的品牌营销渠道进行销售的,于是生产商们意识到有必要让包装工程师也加入产品研发团队,并让包装设计师成为营销团队的一分子。顾客对产品使用的便捷性和功能价值的需求,在材料研发和营销过程的诸多方面都起着主导作用。例如,节省空间、循环使用以及环保问题的这些考虑因素也日趋重要,从而反映出消费者正在发生变化的价值观。汽水罐的开启装置从拉环变为易开式顶部,玻璃材质被塑料所取代,从而解除了消费者们对包装破损隐患的担忧;层压材料和施于纸板上的特殊敷涂材料则为包装设计师们提供了全新的设计空间。

各家公司都设法重新设计产品包装,以便取得更为直观的宣传效果,于是摆在包装设计师面前的工作机会也骤然增加。包装设计所传达的产品信息必须能够立即吸引消费者的注意并在短时间内使其做出购买决定。

(七)今日包装设计

随着奢侈享受成为21世纪初消费者们推崇备至的价值观念之一,设计行业也向时代前沿挺进,并成为彰显高雅品质的途径。设计从时装、家庭用品和汽车的设计到移动电话和电脑的设计,已经成为消费主义世界中的关键因素。消费者们在鉴别设计品质的过程中历练成长,其审美也随之提高,因此,他们更充分地意识到,诱人的包装设计的初衷是企图影响他们的购买决策。

纵观历史,包装设计的发展始于人们的需求。历经社会变迁、市场竞争、历史事件、生活方式的转换和各种发现及发明所带来的突破推进,影响包装设计发展的因素可谓不一而足,而且这些多样因素仍将继续对包装设计学科及其专业的发展产生深远影响。

第三节　包装设计与品牌塑造

产品是一个社会的物质组成部分,它能够促进经济增长,满足人类利用物质资源的需求。随着消费主义迅速成长,产品已经与我们生活的各个方面密不可分地交织在一起,以至于它们不再是必需品而是成为人们欲望的目标。随着消费者们可选商品的范围不断扩大,产品竞争也愈演愈烈。竞争的加剧令商家们希望其产品能在市场中独具特色,从而与其他同类产品相区别。包装设计就能够通过视觉手段传达出一件产品与众不同的地方。仅从外观角度试想一下,如果缺少了独具特色的包装设计,那么,从面包、牛奶和蔬菜到香水、口红和酒类等在各类产品领域中,所有品牌的商品都会看上去一模一样。因此,商家们的终极目标是从众多竞争者中脱颖而出,避免消费者将其与别的品牌混为一谈,以及对消费者的购买决定施加影响,使包装设计成为公司综合的品牌营销计划获得成功的关键法宝[1]。

一、挺进目标市场

当经营者已经准确找到了具体的市场定位或者锁定了一个特殊的消费群体时,包装设计就是一种最有效的促销工具。尽管各家公司都希望能将其生产的大部分产品销售给大批顾客,但是确定一个具体的受众群体更有助于为该种产品的市场营销及包装设计确立一个明确的工作重心。对"目标市场"的准确定义,对消费者的价值观念、喜好、生活方式和习惯做出清晰界定,能为产品提供一个有助于确定设计策略及适当宣传方式的基本框架。

在竞争激烈的零售市场中,包装设计必须富有视觉吸引力,能够激发消费者的兴趣,使消费者意识到这种产品的存在,并最终影响消费者的购买决策,而这些作用全都在一眨眼间发生。因此,目标就是获得与众不同的特色,从而使一件原本默默无闻的产品成为一件源自某个特殊品牌或厂家的独特产品。对于许多品牌来说,包装设计确立了该产品门类的外观效果,而且相互竞争的厂商们也通过采取相似外观的方式争夺市场份额。于是颜色、版式风格、字体、包装结构以及其他设计元素的使用特点成了消费者们据以判断产品门类

[1]胡继全.纸质包装设计对品牌塑造的影响研究[J].造纸信息,2021,(2):81-82.

的重要提示,如图1-12所示。

图1-12　美国Krstn Csaletno酒水饮料插画风格包装设计

二、专有特色

有关版式风格、图画影像和颜色,如果专为用户量身定做并富有特色的话,就可被视为一件包装设计中专有的或称"具有所属权的"元素。通常情况下,一种专有特征可以通过商标或在政府部门登记注册的方式得到法律保护。在商业领域广泛使用了一段时间以后,在消费者的眼中,这些特色就与该品牌本身联系在了一起。为了体现"独一无二的"和"专有的"特征,而进行专有包装设计会是一种颇见成效的办法。

三、包装设计与品牌

如果包装设计是人们称为"品牌"的这个大范畴中的一部分,那么品牌的定义是什么?就其本质而言,品牌就是赋予某一产品或服务的商号。而如今,"品牌"成了一个无所不包的宽泛用语。尽管人们使用这种表述已经有数十年,但是如今它已经被过度使用,而且不同专业领域对其有不同的定义。对于包装设计范畴而言,品牌就是体现所有权的名称、标记,并且代表着对应产品、服务、特定人群或地方。因此,从产品名称、包装设计、广告设计到标志图样、制服,甚至建筑都可包含在品牌这一范畴之内,如图1-13所示。

图1-13　包装设计和品牌——并肩行走的饮料包装设计

对于许多消费者来说,品牌和包装设计几乎是不分彼此的。通过各种材料和结构的立体形态以及视觉元素的平面效果,包装设计塑造了品牌的形象,并在消费者和产品之间建立了一种联系。包装设计以可视化的方式表明了品牌的承诺,无论这种承诺是关于质量、价值、性能、安全性还是便利性。

包装设计除基本功能外,对于提升产品的档次,提高商品的价值,有着不容忽视的作用。无数的企业主和设计人员在研究开发新科技、新材料的同时,也增强了对新思维、新观念的重视,让设计与技术并进,为产品寻求更为有效的宣传与销售之路。而人们的生活方式和思想意识也在接受大量信息冲击的同时,更将喜好投向了快捷、个性、时尚、情感化的商品。为此,各商家、企业更加注重产品包装的"形象代言人"的作用,因为包装所承载的不仅仅是自身的物质功能,同时也体现着企业的精神,打造着企业的品牌意识。对消费者而言,能够选择到使用满意,外观形式设计人性化并具个性化的商品,从中获得生理与心理最大限度的满足,才是消费的最大享受和快乐。

品牌是产品战略中的一个重要内容。美国市场营销协会对品牌的定义:它是一种名称、术语、标记、符号、设计,或是它们的组合运用,目的是借以辨认某个销售者或某群销售者的产品或服务,并使之同竞争对手的产品和服务区别开来。品牌工作是一门艺术和营销的奠基石,品牌的建立并非只是一个名称或名字,它最关键的是体现深入顾客内心的品牌内涵。因此企业会用很多的手法去建立自己的品牌形象,如广告宣传、良好的服务、正面形象的代言人等,最直接的要算产品形象。产品形象主要是产品本身形态,但也应该重视产品的外包装设计,毕竟它是顾客购买商品时选择商品的第一印象。它在设计时,识别功能、醒目功能、美观功能就很重要,于是如何运用包装设计元素体现出产品特征就是重中之重了。

包装设计元素中除了运用标识、标志、产品名称来表明身份外,还可以运用包装的材料、结构、容器形态、颜色和图形等,每一种元素都可以设计出亮点,以体现品牌特征。不同的产品有不同的特点,不同的特点可以用不同的元素来突出产品的卖点。

四、包装设计要素对品牌的体现

(一)包装结构、容器形态的运用

产品之所以需要包装,是因为它可以解决产品在流通过程中的集散与展示,结实的外包装能保证产品安全运输,而结构精巧的小包装还能给产品带来功能上的突破。因此,材料首先要满足这个要求,然后在满足这个要求的前提下来设计出亮点。

1915年,重新设计的可口可乐流线型瓶形是容器设计的经典造型,流畅的曲线造就舒适的手感。这一经典的瓶形设计让可口可乐的品牌形象深入人心,并成为该品牌的"形象"代言,使消费者看到这种瓶形的可乐不用看品牌就知道是可口可乐牌的。美国职业工业设计大师西蒙·罗维认为这是最完美的设计,并在1954年对它进行改进。直到今天,曲线的造型还在不断地演变,并运用到更加广泛的领域。

(二)色彩的运用

色彩和我们的生活是密不可分的,我们生活在色彩的世界里,它是最能吸引人注意力、刺激人反应的视觉符号和设计元素。利用色彩塑造品牌有以下原则。

1.色彩的选用应该和产品有整体性

通过外在的包装色彩能够揭示或者映照内在的包装物品。使人一看外包装就能够基本上感知或者联想到内在的包装物品为何物,也就对产品的销售发挥了积极的促销作用。

2.色彩还具有色彩调性的象征性

调性是强调色彩主色调的单纯性、主次性、调和性。和谐的色调产生心理美感和舒服感,进而让人产生购买欲。不同的色彩调性给人不同的心理感受,如红色调——具有强烈的刺激性,是引人兴奋的色调,也是我国民间特别喜爱的颜色,象征爱情、快乐、吉祥、幸福等;橙色调——是由红色和黄色构成,给人以跳跃、热情、兴奋感,通常用于青年用品的商品包装或是橙味的产品包装;蓝色调——能给人以蓝天、大海、科技、现代的感觉,它同时也是冷静、宽广、稳定、理性的代表,主要用于IT业、药品、清洁用品等。因此,在包装设计中准确把握消费者的色彩心理与喜好是色彩运用的重要问题,准确运用色彩的配色关系和和谐的色调是包装设计的重要因素之一,也是决定产品包装档次的关键因素。外在包装的色彩大多具有以下特点。

(1)从行业上说

食品类常常使用鹅黄、粉红为主色调来表达温暖和亲近之感。当然,其中茶用绿色较多,饮料用绿色和蓝色较多,酒类、糕点类用大红色较多,儿童食品用玫瑰色较多,日用化妆品类其主色调多以玫瑰色、粉白色、淡绿色、浅蓝色、深咖啡色为多,以突出温馨典雅之情致,服装鞋帽类多以深绿色、深蓝色、咖啡色或灰色为多,以突出沉稳重典雅之美感。

(2)从性能特征上说

单就食品而言,蛋糕点心类多用金色、黄色、浅黄色给人以香味袭人之印象;茶、啤酒类等饮料多用红色或绿色类,象征着茶的浓郁与芳香;番茄汁、苹果汁多用红色,集中表明该物品的自然属性。

尽管有些包装从主色调上看去不像上面所说的那样用商品相近的颜色,但仔细看,在它的外包装的画面中准有点睛之笔:象征性的色块、色点、色线或以该色突出的内容。

包装设计色彩的运用应考虑行业和性能的特征,产品的系列特征,产品的定位也要靠色彩来体现。像"旺旺"品牌每年过年推出的旺旺大礼包的包装,就是用中国人吉祥的色彩"大红色调"作为主色调并加上了旺旺的卡通形象。CANDLE-LITE公司是蜡烛行业的巨头,拥有160年的蜡烛制造历史。他们的包装材料并不奇特,用的仅仅是透明的瓶子,但选用的颜色着实让人惊叹。他们用鲜亮的颜色涂在多层的蜡烛上,并让这种颜色透过透明的玻璃瓶闪耀出来。瓶子表面的标签背面是白色的,这样就突出了瓶子里蜡烛的颜色。所以在超市里的蜡烛货架上,它们可以轻易地区别于其他同类产品,同时体现了品牌的特征。

(三)图形化文字运用

以最单纯的文字符号为基础是一种有效的视觉形象与流程设计。文字符号作为人类更为古老的交流方式,同其他的记事方式,如烽火、打结、敲打等一同构成人类早期的传递信号的载体,人类为了把自己的思想观点和感受记录下来,开始了画物等描绘记事活动,文字也随之产生。文字的发展之路是漫长的,经过数千年的发展演变,文字功能已从单一的记事发展到如今集传达、记事、抒情、观赏、审美为一体的文字艺术。无论是苏美尔人的楔形文字,埃及人的象形文字,还是中国殷商时期的甲骨文,无论是表象文字还是表意文字,都充分体现着抽象的构成特点,同时作为传达的直接元素,越来越受到现代设计的广泛运用。

例如,无装饰的文字设计。它最大限度地发挥了文字元素在创作中的可能性,抛弃人们对"形"的纯装饰诱惑,摆脱了繁杂多余的累赘,无序喧闹的庸俗。一方面发掘文字本身的语义功能,另一方面探索视觉符号在每个版面中的组合结构,利用文字的重复对比、疏密、均衡等手法来改变那些元素的数量、位置、方向等,最大可能地体现出设计的理念与个性化特征。强调那些具有决定性作用的因素,并扩张其视觉优势,为我们塑造出一幅幅简洁生动而又令人赏心悦目的设计。例如,日本产"尼康"相机包装设计,在单色的背景上完全以文字设计来控制每个展示面,主体型号信息采用有字角的空心黑体,具有动感的斜体牌名点缀其中,并利用方向感的变化,体现出版面上排列的理性化特征,把该产品的属性及精良的高品质感受表现无遗。

当今社会信息瞬息万变,竞争日趋激烈。人们对新信息的传递与获取将变得越来越快,同时对新事物的期望与要求也越来越高。利用现代设计中行之有效的手段来满足人们的视觉、触觉以及心理的各种感受,是设计师们的共同责任。文字艺术设计展示在我们面前的种类繁多,风格更是千变万化。在一些包装作品中,可以没有图案形象,但不能失去文字信息,文字可以陈词达意的作用在传递销售的过程中是至关重要的。众多优良的设计都非常注重对文字的驾驭,单纯利用文字作为设计语言,以及通过大小对比、疏密变化、虚实相间的安排来组织设计,显然可以增强字符元素的信息活力和视觉冲击力。追求纯粹文字符号个性化及版面构成的多样化是十分有效的,面临着信息化、视觉化、艺术化的设计,寻找元素与元素之间的内在联系,对文字的语言与造型探求,运用点、线、面构成的原理,采取多元化的处理手段,熟悉和掌握各类文字的个性特征,把握文字与文字的字距、行距等结构组合。在视觉上形成强化定势与风格定位,这一类型的设计无疑将是包装设计中一道更加迷人的风景。固定形式的文字运用将突出品牌的特性,观者或消费者一看到这种形式的文字就能联想到该品牌。例如,日本威士忌酒包装设计,整版采用文字元素构成,超大的手写书体突出了形象,细密的辅助文字整齐排列,很好地衬托着主体形象,形成了疏与密、大与小的强烈对比。充分体现了该酒品质的高雅与设计的卓尔不群。其间一些细微的文字排列更显设计的独具匠心,且仅是外在的包装就令人回味无穷。

文字是人类进步的主要工具,它记载着人类社会发展的整个过程,人们也在不断更新、创造着文字,使它在沟通人与人的情感与交流的同时,被赋予美感和视觉上的愉悦。随着对文字自身的潜能在视觉设计上功能的不断挖掘,形式与手法将更加丰富,这一古老而极富生命力的视觉元素在包装设计中将绽放出更加迷人的色彩。

包装设计属视觉传达艺术,寻求的是视觉的独创性、审美性。所以,包装设计品牌的体现,可以从包装材料、包装形态、包装结构,也可以从包装品牌字体、包装图形、包装色彩、包装编排等具体环节体现。同时要有明确的信息性,没有明确信息性的视觉形式不能表现出产品的品牌性,也就不能体现包装的商业价值,包装设计的品牌表现始终要围绕包装的职能——传播信息。只有在准确表达产品信息和包装视觉创新两者相结合才能使包装设计中的品牌形象得以充分体现。

五、品牌对产品的重要性

有些人认为品牌不过是为产品添加一个标志,或者起一个朗朗上口的名字。然而,品牌的构成概念其实要宽泛得多。品牌运作是为一个产品创造独特的名称和图像,并通过广告、包装等途径,使其深入人心。品牌运作的目标,是确立一个产品在市场中的独特定位,吸引并留住目标消费人群。

品牌通常要传达产品的某些特征和属性。一个品牌可能强调了产品的高品质、低价格或天然成分,即产品的内在品质;另一个品牌则可能强调了传统、品质、信任感、声誉或体验等与公司品质相关的元素。在某些特定的产品类别中,如瓶装水,品牌是一种产品区别于竞争产品的主要因素。

企业的品牌价值主要借助于品牌形象的强化而得以提升,对消费者而言,品牌形象则首先表现为产品包装所呈现出来的名称、商标及外观色彩等。好的产品包装能够使消费者认知并熟悉品牌所产生的亲近感及该品牌所拥有的特征。产品包装对消费者的刺激较之品牌名称更具体、更强烈、更有说服力,并往往伴有即效性的购买行为。

六、品牌承诺

品牌承诺就是经销商或生产商对该产品及其宣称的性能所做的保证或担保。在包装设计中,品牌承诺是通过品牌标识而传达出来的。品牌承诺的兑现是获得消费者忠诚感并确保一件产品在货架上取得骄人成绩的关键。

然而就像其他承诺一样,如果不努力遵守,品牌承诺也会被打破。导致这种情况的原因多种多样,而当品牌承诺无法兑现时,不仅这种品牌及其生产商的信誉度会大打折扣,而且消费者们会转身离去。

品牌承诺及产品在人们心目中的价值,会受到下列包装设计失误的负面影响:①产品包装无法正常工作,如不能简便地分拆或开启;②字体设计给阅读造成障碍,难以读出产品名称或者该名称的含义令人费解。例如,包装设计上的文本信息模糊不清,或者无法清楚地说明产品的功能用途;③包装使人觉得该产品要优于其同类竞争者,实际上该产品却不如其他产品。例如,令人食欲大增的美味食品画面与包装内产品的实际外观毫无相似之处。

七、品牌资产

随着包装设计成为品牌的形象代表,消费者们逐渐接受,并通过视觉途径认同品牌的价值理念、质量水准及其属性特征。从市场营销的角度看,包装设计与产品的种种联系从有形的实体结构和视觉标识到无形的情感联系,已经深深影响到了品牌的合理地位和可靠感。因此,只需调查消费者对这些品牌的认同感有多深,就能估量出这些品牌的影响力了,而这些就是一个品牌最宝贵的资产。

对于老品牌来说,印刷排版、图标、图画、人物影像、色彩和结构就是包装设计中可构成公司品牌资产的视觉元素。对于在市场中资历尚浅的新品牌而言,就不存在可以将其作为基础的品牌资产。于是包装设计的任务就是在消费者眼中构建新产品的形象,如图1-14所示。

八、品牌忠实度

品牌概念的核心就是信赖感。如果消费者在使用一种品牌旗下的各类产品时获得了愉快的体验,那么信赖感就会在他们心中滋长;如果消费者们能从使用经历中获益,那么他们就会再次购买这种商品,并期望会和上次一样获得满意的体验;如果在消费者眼中,一种品牌实现了它的承诺,那么这种品牌就会兴盛起来,消费者们会继续购买该品牌的产品,并对它产生偏爱。正是这种偏爱确立了消费者对品牌的忠实度,而且这也是生产商的终极目标。忠诚的顾客以一种近乎狂热的方式信任着他们钟爱的品牌,而品牌忠实度也是标示个人身份的手段。

图 1-14　水品牌包装设计

九、品牌延伸

如果一个品牌想要扩展到全新的产品领域,那么在策划新的营销目标时就必然要将现有的品牌资产纳入考虑范围。也需要保留原有的设计元素,以便使消费者对品牌承诺的感觉也保持不变。

品牌延伸可能是在同一产品门类中引入新产品,也可能是该品牌进入了一个与之前完全不同的产品领域,从而完成一次大胆的转变。品牌延伸的具体内容视具体产品而定,也许是不同的品种、口味、成分、风格、尺寸或形状。在某些案例中,品牌延伸也许会是一种新式包装结构或者是品牌标识的一种进化性改变或革命性改变。

以个人护理产品领域为例,任何品牌都涵盖了对面部、身体和头发护理的数种产品,无论是声称具有特别疗效的还是针对特定肤质或发质的,各产品系列的面市使消费者们在购买同一厂家的产品时有了更大的选择空间。

经过延伸的产品系列可为生产商的品牌带来多种优势。当一系列产品在货架上一字排开时,该品牌就在货架上占据了优势地位。系列产品展示墙可在有限的货架空间内创造出类似于平面广告牌的效果。如果一位消费者对某一品牌颇为满意,而且可在该品牌定位的产品类别中有多种购买选择的话,那么他就会对此品牌更加忠诚。如果消费者成了该品牌产品的老客户,那么品牌资产也会随之增加。

高效运作的品牌常常在策划其产品包装的视觉外观时采取与其同行业竞

争者类似的包装设计,于是色彩、版式、风格、人物图像的运用、结构以及其他一些设计元素成了消费者分辨产品类别的线索依据。

第四节　包装设计的现状

在中国,由于各种体制、各种经济形态、各种消费群体的同时并存,致使中国包装市场的内容和形式复杂多样化。总而言之,中国包装设计市场处于整体无规律状态。究其原因❶,主要有以下3点。

1.生存环境差异

经济与文化上的优势使欧洲在世界经济产业链中处于高端,并可以不断地输出高附加值的设计、研发产品来进入第三世界国家而获利。随着中国民族企业的崛起,为中国的民族产业找到了方向,让中国的整个群体确立了信心、建立了对民族品牌的忠诚度。

2.设计理念不同

由于欧盟经济一体化,可以在欧洲各国的大型超市看到欧洲各个国家的产品,它们一般都共同遵守一些国际标准,而同时又保持着自己的民族风格,我们可以根据各国独特的风格很清楚地辨别出英国产品、德国产品和法国产品。中国的设计同行则过多地摒弃自己的民族性,过多地模仿海外产品的概念化,错误地诠释了现代商品包装设计的理念。

中国巨大的消费市场以及它与世界各国在经济、文化、贸易等各个领域的通力合作会让中国消费群体的迅速成熟,带动配套的包装设计产业的发展,带来知识产权等相应法规的完善,带来世界各国值得借鉴的宝贵经验,中国的包装设计市场也将在这一变化中快速发展。但是它同样会面临着挑战,这个挑战来自欧洲、日本、美国等优秀外资包装设计公司的竞争压力,因为无论是中国本土设计公司还是外资公司,其目标群体都是一致的,即为中国的消费群体服务,而外资企业在设计历史、设计经验、设计理念上都非常成熟,也非常愿意把中国的文化融入本国的设计经验中以更好地为中国的消费群体服务。

3.现代包装对环境的污染

随着中国包装工业的迅猛发展,包装废弃物造成的环境污染问题日益严

---

❶ 王月芳.包装设计中的传统视觉符号应用[J].包装工程,2022,43(2):367-369,386.

重。据统计资料显示,包装所带来的环境污染仅次于水质污染、海洋湖泊污染和空气污染。中国每年生产的包装制品有70%在使用后被丢弃,按1997年中国生产的包装制品总量18 125千吨计算,就有12 690千吨的废弃物产生。为解决资源与环境问题,世界上有很多发达国家都把"废弃物资源化"作为国家经济建设的重点,掀起了世界性"资源化革命"的浪潮。包装的创新也从"绿色革命"转向包装资源化的"二次革命",使包装废弃物从焚烧、填埋等单一的行业性处理转向资源化再利用。

有关资料显示,我国包装业现有2.5万多家企业,年产值从1980年的72亿元增加到了2000年的2 200亿元,每年递增近20%,但是包装业发展的同时也消耗了大量资源。据统计,目前全球来自包装的废弃物为2 000多亿吨,我国为1 600万吨左右,且排放量以每年12%的速度递增。

以上的种种都显示了我国现代包装所造成的污染是十分严重的。

一、正在发生变化的零售环境

当下的零售环境可能会给包装设计师带来新的挑战,因为他们可以借助更多的信息技术,如虚拟零售,而且消费者会要求需要更加精确的产品信息。此外,在帮助零售商履行环境可持续发展相关的法定义务和企业承诺方面,包装设计将扮演越来越重要的角色。

(一)虚拟包装

网络以及网上销售的出现,使许多产品制造商极大地节约了零售成本,扩大了消费市场,同时也让消费者享受到了方便快捷的购物体验,因此,网络购物快速地发展起来。但是人们也总是希望在购买商品之前,能够实际接触或试用商品,因此,实体店在可预见的未来肯定不会消失。现在,大部分产品通过实体零售店和网络店铺进行销售,并把这种模式视为传统分销渠道的拓展。因此,传统的包装哲学和方法仍在市场上占主导地位。

最成功的零售商,可能是那些成功采取多渠道销售,并为消费者提供尽可能多购买选择的零售商。而且,产品包装在网络和实体零售环境中,也必须够有效地发挥作用,毕竟,为不同的环境设计不同的包装是一件划不来的事。为产品设计出能够提高虚拟网店销量的包装,给设计师带来了额外的挑战。

(二)在网上展示包装

多年以来,设计师投入大量的时间和精力,精心发展了一个品牌包装复杂而精妙的传播方式。强有力的包装提升了消费者对一个品牌的信心,包装带给消费者的触感会影响他们对产品的体验。然而,消费者在网上商店购物时,并不能在购买商品之前接触到商品的实物包装,包装中的触感元素也只有在消费者收到商品之后才发生作用,进而加强消费者对产品的积极感受。设计师必须考虑如何在网络环境中展示或推广一个产品并传达那些精心制作的品牌信息。

为网上销售的产品设计包装时,必须创造强烈的视觉影响力,尽管网上商店在展示产品时,经常使用相对较小的尺寸。由于网络环境的运作与实体销售存在很大的差异,设计师必须充分利用新媒体等技术手段所提供的机会,发展有别于传统的包装方法。

(三)网上商品的销售

网上销售的产品,必须能够适应邮政服务或包裹速递等严酷的物流条件。这就需要给产品添加外套包装筒、包装盒,并裹上包装纸,可能还需要在产品里面填充碎纸或泡沫颗粒。

完善的产品包装能给企业带来新的机会,因为它能让消费者认识到企业很关心产品在物流中的安全。与此同时,这也给设计师增加了设计外包装的挑战,让他们可以在盒子、包裹或其他包装形式的外表面上添加标志、品牌名称和网址,来充分利用包装的外表面。

好的包装设计总能促进产品的重复销售,并总能在产品送达时,给顾客带来惊喜。这对于网络零售商的品牌运作而言至关重要。因为网上销售的产品也必须通过包装本身或是其他东西来传达信息,来让消费者清楚售后服务的内容,以及如果产品出现问题时该如何处理。

二、环境考虑

包装是采用各式各样原材料制造的实物,因此,它的生产和处置也应该包含重要的环境考虑。消费者和制造商越来越关心他们的行为对环境的影响,这给设计师带来了很大的压力,他们必须重新思考包装设计,让包装对环境的影响降到最小,但又要确保它仍然可以发挥保护产品和传播信息的功能。

(一)可持续的包装

随着人们环保意识的提高,人们日益认识到过量生产、消费和浪费的危害性,可持续环保包装的生产也变得越来越广泛。现在,为各行各业工作的设计师,都在努力生产可持续性的包装,这种包装在被用完废弃之后,将会极小地或者一点都不会影响本地或全球的生态系统,如图1-15所示。

图1-15　垃圾袋实验包装设计

　　可持续环保包装的设计过程,需要考虑包装使用的原始材料,了解它们是从哪里来的,以及在用完废弃包装之后该如何处置它们。这个过程包含了对产品产生的"碳足迹"(carbon footprint)的评估。碳足迹是指一个产品造成的温室气体的排放总量,通常以二氧化碳的排放总量来衡量。一旦知道了碳足迹的数值,就可以制定减少排放量的相应策略。可以通过增加可回收材料的使用量,减少不同材料或成分的数量,使包装更加容易回收或处置。现在,使用极简易的包装已经成为一种日益流行的趋势。此外,设计师在构思包装设计时,还需要对包装的生命周期进行评估。

　　(二)生命周期评估

　　生命周期评估是指对一个既定产品给环境带来的影响进行调查与评价,包括它在整个供应链中可能对环境产生的影响,以及它是否符合企业所制定的可持续发展目标。这个过程的一个关键部分,是找到改变消费者行为的方式,提供充足的信息帮助消费者做出更明智的决策,引导他们购买具有可持续包装的产品,并鼓励他们对产品进行循环利用。

　　(三)废弃物分级制度

　　"废弃物分级制度"是指在"3R"原则:减少量化(reduce),重复利用(reuse),资源再生(recycle)的基础上制定的废弃物管理策略,其目标是减少材料的使用。这个分级制度可以在创造可持续包装时,在材料、容器尺寸等方面,指导设计决策的制定。例如,提高内层包装容器的保护性能,意味着产品不再需要外层包装(预防策略),或是需要较少的外层包装(减缩策略)。再如,不应该使用多种不同类型的塑料来制造一个容器,应该将材料缩减至一到两种,以便于回收再利用。

（四）重复利用包装

随着全球消费者和设计师的环保意识不断提升,产品可能辗转的路途之远、产品包装的数量之巨,都引起了人们的恐慌,包装的形式正在逐渐改变,营销商也因此转向关注用本地资源制造的产品,并探索减少包装的方式。

新材料的发展持续不断地改变着包装的外观,并提供了保护产品的新方式,来延长产品的货架期,或者使产品能在更长的时间内保持新鲜。材料的发展也为设计师在创造能够满足品牌这些要求的包装时,提供了更多的可确性,如更好的表面印刷材料、可以进行彩色印刷的薄膜或裹绕容器的收缩包装等。

三、未来包装设计的发展趋势

面对多元化、快速、多变的21世纪,行销策略与消费市场的变化日新月异,现代工业和市场经济的发展推动着现代包装设计的迅速发展。经济和社会的发展对包装事业不断地提出新的要求。包装被赋予了新的定义,同时也被赋予了更多的责任及价值要求。因此,未来的包装由于其积极的贡献,并作为改善人类生存条件的有益因素,将会越来越得到人们的认同。未来包装发展的趋势可从以下几个方面体现。

（一）人性化包装

包装设计作为一种创造差别的工具,使消费者能通过商品销售包装得到商品的独特性而获得某种心理、情感的满足,从而影响消费购买和使用产品。因为商品丰富,人们走进了精神性消费领域,消费行为则表现出鲜明的个性化趋向。品位、情调、层次、心理满足等能够展示个性特征的精神要素成为部分消费者购买的首选。这是一个崇尚个性的时代,人们对"千篇一律"的商品包装开始厌倦了。那些个性鲜明、魅力独特的包装在外形、色彩、结构、选材上独具匠心,并且具有独到的销售意识,日益受到消费者的青睐,如图1-16、图1-17所示。

图1-16 饮料包装设计

图1-17 印度LAKME化妆护肤品包装设计

（二）个性化包装

在选用包装材料时,可以本着创新的精神并结合不同的包装材料,利用其材质特点来呈现不同包装的质感,为商品展现更为丰富的面貌。新的包装技术及结构不断地被研发出来,使包装作品更为精致和独特。纸材、金属、玻璃、陶瓷等各式包装材料的应用,从普通的正方体结构到五花八门的造型都为当今的包装设计提供了更为广阔的发展空间。

（三）便利包装

随着人们消费水平的提高,目前大多数商品都是随着包装一起卖给消费者的。这些带有包装的商品,如何使消费者使用方便、携带方便和保管方便以及使用后处理方便,是非常重要的。例如,洗手液,按压一次即为一次的使用量,不致浪费产品;婴儿洗发精特别设计可单手使用的包装结构,以方便妈妈为孩子洗头发;木糖醇口香糖的便携瓶形设计以及可多次开启的瓶盖设计,便于人们携带和开启。这些包装结构都是为了使用方便而贴心设计的。另外,因人们环保意识的提高,商品使用后包装的处理问题也是设计过程要考虑的问题,使用过的包装还应便于回收和处理。显然,便利性已成为一切包装设计的核心,也成为当代消费者日益坚定的信念。

(四)绿色环保包装

人与生态环境的关系是目前人类面临的重大问题。用可以回收、可降解再生或天然的材料作为包装材料,对保护环境具有重大的意义。环保观念的核心是"减少、回收、再生"原则,它强调尽量减少无谓的材料消耗,重视再生材料的使用。这一原则要求设计师应该具有强烈的环保意识,并充分考虑包装的结构、材料的运用及印刷工艺要求、最终的废弃处理等,努力增强环保包装设计意识,如图1-18所示。

图1-18 鸡蛋包装设计

(五)趣味包装

人是设计构思的主要因素,德国包豪斯的创始者之一纳吉曾说:"设计的目的是人,而不是产品。"设计者通过寻求商品特征与顾客心理之间的相融点,来感染消费者、吸引消费者。商品日趋丰富,人们的消费心理变化微妙,市场竞争激烈,所以掌握和引导消费潮流以及注重商品包装的情感设计,势在必行。设计师运用各种幽默、怀旧、充满乡土气息等意味的表现语言,来提升包装设计对消费者情感上的号召力,对于消费者来说,这种包装显得更为友好、亲切,如图1-19所示。

图1-19 趣味包装设计

（六）展现民族风格的包装

　　种种生活中的包装是人类向自然学习的继续,是智慧、传统、文化的结晶。任何民族的文化都是以自己特有的面貌出现的。任何艺术的形式绝不会轻易地放弃其传统特性,其实所谓的民族风格和形式,是更大程度上顺应了广大人民群众喜闻乐见的方式。在民族风格的基础上加入创新的元素,使消费者能够接受推陈出新的产品。在包装设计中,既要开拓新的设计款式,又要体现原有的传统文化特色,从而与现代人的审美和生活需求相结合。从某种角度来看文化的发展,民族传统中饱含着深层的感情,整个世界都出现了文化复归的现象。民族的元素正是现代设计中不可缺少的重要因素和支撑,只有民族的,才是世界的。如今,设计师们将注意力转向自己本民族的文化,并极力将其与现代艺术融为一体,这种回归意识与设计意识相结合,体现了民族审美情趣的强化。由于世界各国文化上的差异,有时会出现理解与文化上的距离,这种距离往往又会使人由于新鲜感而产生兴趣。因此,在国际大市场中,以民族为本位的设计战略思想越来越受到重视,如图1-20~图1-22所示。

图1-20 白酒包装设计

图1-21　食品包装设计

图1-22　粮食包装设计

四、适合于环境保护的绿色设计

21世纪是环保的世纪,现代包装在漫长的一段时间里还将继续延续20世纪八九十年代提出的绿色设计概念。经济的快速发展,加快了对自然生态环境的破坏;人民生活水平的提高,各种包装固体废物随着人们对商品需求量的增加而增多……

据统计,1998年我国生产的包装品总量1 813万吨,70%的包装制品在使用后被丢弃,被丢弃的包装固体废物也加剧了对环境的污染。其所带来的环境问题日益突出,人们纷纷致力于研究新的包装材料和环保型设计方法来减少包装固体废物带来的环境问题。在包装材料上的革新有:用于隔热、防震、防冲击和易腐烂的纸浆模塑包装材料,植物果壳合成树脂混合物制成的易分解的材料,天然淀粉包装材料,自动降解的包装材料,在设计上力求减少后期不易分解的材料用于包装上,尽量采用质量轻、体积小、易压碎或压扁、易分离的材料,尽量多采用不受生物及化学作用就易退化的材料;在保证包装的保护、运输、储藏和销售功能时,尽量减少材料的使用总量等。适合环境保护的绿色包装设计是推动我国包装事业健康顺利向前发展的根本保障!

五、适合于突出商品个性化差异的包装设计

个性化包装设计是一种牵涉广泛而影响较大的设计方法,主要是针对超市、仓储式销售等因销售环境、场地的不同而采用的不同的设计方法。不论是对企业形象、产品本身还是社会效果均有莫大的关联与影响。包装形象的塑造与表现向自然活泼的人性化、有机性造型发展,以及赋予包装个性品质、独特风格来吸引消费者。设计时就必须系统化思考,对实际状况做不同角度与立场的分析,以确立、明了各种应考虑的因素。例如,运用酒桶造型的"酒桶酒"、运用地方民间戏剧脸谱门神造型的"平安酒"、运用笑口常开的弥勒佛造型的"开口笑酒"等的仿生个性化造型设计,其构思标新立异,个性鲜明、突出、视觉效果都非常强烈。这样的商品包装在琳琅满目的货架上就很容易引起消费者的兴趣,被消费者接受。

六、现代包装设计向国际先进水平看齐

随着我国经济的发展,我国部分地区的经济水平直追欧洲,甚至出现赶超现象,这使我国企业对于进口产品的优劣识别有了一个新的认识和概念,对于国外一些已经逐渐显现出颓势的思想不会再去盲目地追求,也使我国人民对民族品牌产生了新的认识,从而更进一步促进国内企业的发展。

随着社会不断地进步,我国的相关法律会越来越完善,相关的组织也会极快地形成规模,并且新的设计思想会不断地出现,从而进一步促使国内企业的发展,从而达到互相促进的效果,使我国包装设计的进步速度呈几何级数增加。

包装设计应充分体现其时代性、民族性、国际化、科技创新意识和自主创新能力以及包装与环境保护协调性发展的原则,这是现代包装设计的要求和必然趋势。就我国目前国情来看,包装设计的走向必然是创新以及节俭、环保,而后两者又是此中的重中之重。从目前的国际形势而言,在将来的很长一段时间之内,包装设计都将节俭和环保定位在其创作的首位,并作为其创作的前提,以这两点为创作中心,完全围绕着这两点展开创作。

七、包装设计民族化的意义

包装设计的民族化是实现文化多元化和迈向国际化的必要基础。随着经济的全球化与文化多元化的发展,大量的西方设计理念和作品进入了人们的视野,各民族文化之间的交流和碰撞也越来越激烈,任何漠视本民族的设计都将失去竞争力,更不可能在设计艺术的国际舞台上占有一席之地。在设计发展的多元化格局下,如果在吸收西方设计精髓的同时不能对中国优秀的、传统的设计作品进行研究学习和发扬光大,这样的设计只能是无源之水,不可能在中国的土壤上生根发芽,更不可能体现中华民族的精神面貌。

有民族文化特色的商品包装能满足公众的多样化的心理平衡需求。在高度工业化的今天,人们每天置身于钢筋水泥之中,物质欲望空前膨胀,生活压力前所未有。人们普遍缺失精神享受,变得浮躁与无奈,容易产生逆反心理,渴望得到心灵的抚慰和平衡。开始怀念人情浓郁的乡土生活,回归自然,迷恋民族文化特有的稚拙和纯真。有民族文化特色的商品包装正好迎合了消费者这方面的需求,能引起他们的共鸣,使其产生购买欲望,从而获得更多的市场份额。

包装设计民族化体现出现代设计理念。在信息化时代,人们的思维方式、价值取向和消费方式呈现出多元化趋势。包装除了其基本功能,还显示出塑造品牌、产品乃至企业形象的软性功能,成为品牌核心资产的物质化身。包装设计的内涵、功能及行业需求都在发生着根本性的变革。包装设计更加理性化、系统化,包装设计的理念也日臻成熟。例如,德国包装设计的科学性、逻辑性和严谨性;日本包装设计的轻巧、灵便和充满人情味;意大利包装设计的优雅与浪漫情调,无不来自他们对本民族文化的挖掘,继承与创新。

包装设计民族化有利于树立品牌个性,提升品牌价值。品牌价值的背后是文化,"文化"的构成是民族元素的点滴和由此所包含的有形与无形的内容,它们具有独特的感染力和震撼力。例如,销售了100多年的"魔水"——可口可乐,标价昂贵的法国依云矿泉水以及日韩饮食。虽然中国的民族品牌在近些年有很大的发展,但其中有很多是模仿或者照搬西方的东西,缺乏文化底蕴和创新精神,在国外品牌大举强势进入国内后,其形势就更加不容乐观。中国的包装设计要克服这些倾向,就要拓宽包装设计的表现途径,认真汲取本民族的优秀文化,积极寻求创作灵感,激发其想象力和创造力。中华民族艺术形式经过历代人的创造、沉淀和积累,是不可替代的,具有独特价值。所以汲取和应用民族文化是包装设计的创新之源,是树立自身民族品牌的核心要素之一。

八、包装设计民族化过程中存在的问题分析

回顾和分析中国包装设计的发展历程,可以看到,树立自身的设计风格和设计理念,把传统文化思想与现代设计有机地结合起来,已经成为设计发展的方向。但是,在这纷繁热闹的场景背后也存在着许多不足之处。

(一)过分追求传统文化元素的形式感,从而忽略了设计本质

当前有许多包装设计作品,是以传统文化元素为设计主体,辅以绚烂多彩的装饰性手法加以表现,或简约或繁复,形式感很强,乍一看作品极具视觉审美和视觉冲击力,但再往下看则会让人不知所云。这些作品从纯艺术的角度来看,堪称上乘之作,它的视觉语言表达充分显示出了创作者具有很高的审美品位与艺术造诣。然而,许多人却没有恰到好处地发挥这种优势,而是在设计中过分夸大了表现的装饰性,而忽略了设计的本质,让作品看上去更像是一件纯艺术品。包装设计的本质不只是求外表漂亮、美观,最重要的是透过视觉图像来介绍产品的特点。建立和稳定它在市场的定位,最终达到提升销量的目的。

(二)在继承弘扬民族优秀传统方面缺乏严谨的科学态度,没有真正做到去伪存真

国内设计界一直有学术与非学术之分,这种泾渭分明的划分是中国传统文化中的一大特色,中国古代艺术学习强调师从关系,在艺术领域中又有流派之分,师傅带徒弟是传统艺术教学的基本模式。这种形式依旧存在于当前的设计领域中,特别是在艺术设计的高等教育中表现得尤为明显,造成教师队伍的专业水平下降,专业教学思路不开阔,教学手法不灵活,存在很大的局限性、片面性,尤其在设计实践中研究传统文化元素方面,也存在同样的问题,这种现象造成抄袭模仿之风盛行。

(三)盲目地追求民族化,缺乏时代性

在"民族的就是世界的"号召下,一些设计师意识到弘扬本民族文化传统的重要性,就开始在包装设计中进行大量的、简单的生搬硬套民族文化和传统元素,出现了一批民族化有余,国际风格不足的作品。民族文化在其发展过程中经历了漫长的历史阶段,具有鲜明的时代特征。在设计中如果简单地套用传统形式,没有更多地考虑商品的特性、时代的审美、设计的发展趋势,作品最后呈现的效果肯定是缺乏时代精神的,是难以适应现代人需求的。特别是在当代商业文化的强势话语下,包装设计工作者必须设计出与时代合拍的作品才能为消费者所喜爱。

九、包装设计民族化过程中的对策

既然包装设计民族化是时代的要求,那么认清包装民族化的本质是非常必要的。真正堪称具有民族化特色的包装设计应是恰当地、完美地实现创作意图,体现时代特点,包含着企业本质和产品特色,并能在瞬间引起消费者的共鸣。为了让中国传统元素与现代包装设计完美结合,设计者应遵循以下原则。

(一)深刻理解和合理运用中国传统文化

要实现包装设计的民族化,先要做到对本国文化的深刻理解。传统元素既非符号,也非道具,它是一种文化,不能对它进行表面上的生搬硬套。例如,中国的水墨和书法,讲究的是意、气、神,具体表现为苍劲、空灵、雅致,每笔的轻与重无处不体现着深刻的文化寓意。这就要求设计师在进行包装设计时,先要理解产品,再去寻求能够代表产品形象的中国元素,同时对这些"元素"的背景也要有一定的了解,这样才能使用合适的现代设计手法。

中国传统艺术一直以来强调意境的表达,追求展现对大千世界的真实感受,而不仅仅拘泥于对象的真实形态,具有明显的比喻、象征意义,在使用中要因地制宜地运用,注意对产品和市场方面的适应性,还要注意对某些地区民族特定风俗习惯的适应性。中国地域辽阔,有不同的审美习惯,要特别注意,不能设计得不合时宜。如果脱离这些传统元素的本质,不加思考地运用,不仅不能起到辅助包装的效果,而且设计出来的作品也是没有灵魂的。

(二)把握民族性与时代性的统一

随着全球经济一体化,人们的生活节奏明显加快,人们对商品包装的求新立异心理更为强烈和普遍。不断寻求新的造型、形式和构成来满足和调节精神上的需要,是现代包装的发展趋势。包装设计不再停留于仅仅通过附加的装饰来美化商品的层面上。除了要符合包装的功能要求,包装还要传达商品信息,起到引导消费,满足人们精神需要的作用。实践证明,包装设计在产品销售的成败上起着决定性的作用。它可以断送一个产品,也能建立一个有前途的产品,使企业获益。如果不顾现代化社会的变化和人们审美情趣的需求,一味地强调传统,那么设计出来的产品一定达不到预期的效果。虽然人们向往和追求过去的时光和情感,但当代人的审美情趣、生活习惯和思想感情毕竟发生了很大变化。所以,在理解并运用中国传统元素的同时,也要求新求美、推陈出新,体现当前的时代感,只有这样,中国味的包装设计才会有新的意境。将包装设计与民族文化相结合,必须注意把握历史性与时代性的有机统一,必须融入具有现代审美情趣的设计理念,再通过现代的各种表现技法来辅助设计,使包装设计艺术的时代性与民族文化的历史性完美融合,从而达到一种全新的视觉感受。

(三)对民族传统文化的传承与创新

发扬和继承传统文化不是复古传统,不是模仿传统,而是要在继承中发展传统,在传承中不断创新,要赋予传统文化以新的意境、新的形式、新的面貌,使传统文化和艺术焕发出新的生命。著名的民俗学家钟敬文先生曾说:"民族文化的保存、发展、前进,关系到能不能有效地吸取和消化外来文化的问题。在开放过程中,外国的东西不但要进来,而且会冲进来,像潮水一样,假如自己固有的东西不能保住,又不能在自己根基上发展前进,那么在文化上可能成为外国文化的附庸。任何一个没有自己文化的民族,不管它在物质方面如何发达,它在精神文化方面必将成为外国文化的俘虏,其结果无疑是悲惨的。"因此,所追求的包装民族化,不是简单地对传统图案、文字等元素表面的、外在形式的模仿,把它们刻板地移植在包装的视觉平面上,而是应从对形式的追求从而达到精神的凝练,并将其内涵转化为修养,在作品中自然地流露,以充分发扬传统文化和艺术的形式美、思想美、意境美。只有在吸收借鉴传统的基础上创造出新的包装形式,才能更好地为产品传达信息,提升附加价值。例如,中国的"茶"较多的都是流于日常饮品,满足基本生理以及待客的礼节性需要,但"茶"进入日本,却升华成为"茶道",身价倍增,并在国际化的流通秩序中演变成了日本文化的标志。所以,在包装设计民族化的过程中,对民族传统文化既要传承,更要创新。不仅对本民族的文化要做深层次的理解,学习和有选择地继承,还要不拘泥于传统,多借鉴国外的先进设计理念和国际审美时尚,多利用先进的材料,工艺手段,从形式上升华,用现代的功能要求,观念,手法来表现传统文化的形与意,发掘出能满足现代人心智需求的元素,创造出真正现代形式的包装,形成同国际的对话和交流。因此,探求民族传统文化和现代审美观、价值观的契合,成为原创的一个重要方法。

第二章　包装设计流程

一个完整的产品包装是怎样产生的？一个玻璃瓶，一个纸袋，一个金属罐，看似简单，但是正如海面上的冰山一样，那些看不见的部分往往最让人赞叹。一个包装的产生，从看似与包装无关的产品定位和市场调研开始，到最后我们在市场上看到的包装，走过的是一段曲折而又秩序井然的过程。包装设计不只是要考虑视觉效果的表现，更是一项要注重科学性、实用性、商业性以及团队合作的活动，而这一章我们将对此做详细的了解，这将有助于我们以后实际设计工作的展开与团队合作能力的提高。

第一节　产品定位分析与市场调研

一个完整的包装设计流程包括：设计准备阶段、设计展开阶段和设计制作阶段。设计准备阶段是指对要包装的商品特点、品牌形象、消费者的心理需求和文化特质等方面进行定位，以完成设计构思；设计展开阶段是指采用科学的方法，运用各种技术手段，通过具体的设计形式来表现商品内容，并传达出包装的文化品位；设计制作阶段是指采用某些材料，并以合理的制作工艺完成设计❶。

一、产品定位分析

（一）了解产品本身的特性

例如，产品的重量、体积、强度、避光性、防潮性以及使用方法等，不同的产品有不同的特点，这些特点决定着其包装的材料和方法应符合产品特性的

---

❶张英政.浅析市场调研对于产品设计的应用——以LOGO和包装设计为例[J].明日风尚,2018(15)：55-57.

要求。

(二)了解产品的使用对象

由于顾客的性别、年龄以及文化层次、经济状况的不同,形成了他们对商品的认购差异,因此,产品必须具有针对性。而只有掌握了该产品的使用对象,才有可能进行定位准确的包装设计。

(三)了解产品的销售方式

产品只有通过销售才能成为真正意义上的商品,产品经销的方式有许多种,最常见的是超市货架销售,此外,还有不进入商场的邮购销售以及直销等,这也意味着所采取的包装形式要有所区别。

(四)了解产品的相关经费

包括产品的售价、产品的包装及广告预算等。对经费的了解直接影响着预算下的包装设计,而每一个委托商都希望以少的投入获取多的利润,这无疑是对设计师巨大的挑战。

(五)了解产品包装的背景

主要包括:①委托人对包装设计的要求;②该企业有无 CI 计划,并要掌握企业识别的有关规定;③明确该产品是新产品还是换代产品,所属公司旗下的同类产品的包装形式等,以便制定正确的包装设计策略。

二、进行市场调研

市场调研是设计过程中的一个重要环节,它能使设计师掌握许多与包装设计相关的信息和资料,更有利于制订合理的设计方案。市场调研主要包括以下几个方面。

(一)产品市场需求的了解

从市场营销的理念来说,顾客的需求和欲望是企业营销活动的中心和出发点。设计者应该依据市场的需求发掘出商品的目标消费群,从而拟定商品的定位与包装风格,并预测出商品潜在消费群的规模以及商品货架的寿命。

(二)包装市场现状的了解

根据目前现有的包装市场状况进行调查分析,它包括听取商品代理人、分销商以及消费者的意见,归纳、总结出最受欢迎的包装样式,了解商品包装设计的流行性现况与发展趋势,并以此作为设计师评估的准则。

(三)同类产品包装的了解

及时掌握同类竞争产品的商业信息,对于设计师来说是调研中必不可少的重要环节。从设计的角度看,即包装材料、包装造型、包装结构、包装色彩、包装图形以及包装文字等,去分析竞争产品的货架效果,了解它们的销售业绩,会给即将展开的设计带来极大的益处。

市场调研的方式有很多种,如直接调研、间接调研。无论哪一种调研方式都应根据不同产品的特点来收集资料。若产品有明显的地域消费差异性,就需在不同地域展开调研。调研时,要有效利用人力和物力资源,避免重复和浪费。

第二节 设计定位和构思

一、设计的定位

设计定位本义上是指确定设计元素的准确位置,现在,我们需要从多个角度去理解定位的含义❶。

(一)从文化的角度看

包装设计不仅是设计一种产品,更是设计一种生活方式、一种文化。产品的文化定位来自使用者的文化心理、产品的文化风格以及它们之间所体现出来的文化精神。因此,进行包装设计时,不仅要考虑产品自身的使用、审美和销售功能,还要赋予产品一定的文化魅力。

(二)从产品的角度看

在激烈的市场竞争环境下,产品定位能够使消费者清楚地了解产品的特点、应用范围和使用方法。可以从以下几个方面来定位产品。

第一,厂家的性质。厂家的生产方法和设备、技术、生产规模等因素。

第二,产品的差异性。指不同厂家的产品在造型、色彩、功能、价格和质量等内在和外在的不同特点。

第三,该企业在同行中的地位和竞争对手的情况。

(三)从商品的角度看

在产品的商品化进程中,设计活动只能围绕市场而定位。因此,从商品的角度看,设计定位应该以市场为基础展开分析,以使设计目标清晰化,从而确定商品的定位。需要考虑的因素有:①从价格、商标、品牌等商品属性考虑;

---

❶孙鑫.低碳理念下产品包装设计探究[D].沈阳:沈阳建筑大学,2015.

②商品的陈列方式,是指在特定的销售点,是按厂家分开陈列还是按类别陈列;③销售场所和方式,如超市货架、橱窗等;④商品的包装策略,如基本功能与货架效应等方面;⑤商品的销售渠道。通常情况下,商品要经过厂家、代理商、批发商、零售商,最后才能到达消费者手中。

(四)从消费的角度看

包装设计需要定位消费者的消费行为和特征,可以从以下几个方面来确定包装定位。

第一,消费对象,包括消费者的性别、年龄、身份、职业和文化程度等。

第二,消费方式。

第三,消费者的经济状况。

第四,消费地域,包括宗教信仰、社会习俗、节日、地理和气候等。

第五,消费行为,消费者的购买心理、个性特点和喜好、生活方式等。

需要注意的是,以上设计定位的几个方面不能孤立地去考虑和运用,在具体的设计实践中应相互配合,这样才能有效地完成商品包装的设计定位。

二、设计的构思

构思是设计的灵魂。在设计创作中很难制定出固定的构思方法和构思程序之类的公式。创作多是由不成熟到成熟的,并且在这一过程中肯定一些或否定一些,修改一些或补充一些,是正常的现象。构思的核心则在于考虑表现什么和如何表现两个问题。包装设计的内容构思可以从以下几个方面去考虑。

(一)直接表现法

直接表现是指表现重点是内容物本身,包括表现其外观形态或用途、用法等。因为比较容易让人接受,应用广泛,所以摄影的表现方法经常被用到。具体有以下几种形式。

1.包装突出商品的自身形象

画面的主体为真实的或抽象的商品形象,其在食品行业应用广泛。这种方法比较直观、醒目,商品形象真实、生动,便于消费者选购。

2.采用透明的包装

这种方式就是用透明的包装材料(或与不透明包装材料相结合)对商品进行包装,便于向消费者直接展示商品,其效果及作用与开窗式包装类似。

3.包装盒开窗的包装

这种方式能够直接向消费者展示商品的形象、色彩、品种、数量以及质地,使消费者对商品更放心、更信任。开窗的形式及部位可以各式各样,不拘一格。

(二)间接表现法

间接表现是比较内在的表现手法。即画面上不出现表现的对象本身,而借助于其他有关事物来表现该对象。这种手法具有更加宽广的表现,在构思上往往用于表现内容物的某种属性或牌号、意念等。具体有以下几种形式。

1.突出品牌形象

有些商品包装简洁,但画面上采用比较醒目的标志或文字,十分注重品牌宣传。这种方法形式感强,给人以严肃、高贵的感觉。

2.突出产品使用者的形象

这种形式以产品的使用对象作为画面的主体形象,如女士用品中漂亮的女性形象,儿童用品中可爱的儿童形象,男士用品中帅气的男性形象等。这种表现手法针对性强,便于消费者选购。

3.突出产品的自身特点

这种形式主要用于一些抽象图形来表现产品的某种特性,如在洗涤用品包装中,经常出现波浪、旋涡、泡沫等,使消费者产生联想,从而增强产品的美感。

(三)创意的构思方法

1.头脑风暴法

头脑风暴法强调集体思考,着重互相激发思考,鼓励参加者于指定时间内,构想出大量的意念,并从中引发新颖的构思。该法的基本原理是:只专心提出构想而不加以评价;不局限思考的空间,鼓励想出越多主意越好。

2.形态分析法

形态分析法是把设计的客体当作一个系统,一个具有多种形态因素分布和组合的系统,设计创意就是将诸种形态因素加以排列组合的过程。形态分析法就是首先找出各形态因素,然后用网络图解方法进行各种排列组合,再从中选择最佳方案。

3.模仿创造法

模仿创造法是人类创造性思维常用的方法。当人们欲求构建未知事物的原理结构和功能而不知从何入手时,最便捷易行的方法就是对已知的类似事物的模仿而进行再创造。几乎所有创意者的行为最初总是从模仿创造法入手的。

4.检核目录法

检核目录法比较正统的名称是"强制关联法",意指在考虑解决某一个问题时,一边翻阅资料性的目录,一边强迫性地把在眼前出现的信息和正在思考的主题联系起来,以从中得到构想。

第三节　创作流程与设计规范

一、创作流程

(一)草图

草图是包装设计的最初形态,记录了设计者设计构思发展的过程。一般情况下,设计者会从草图中选择最优秀的方案作为设计依据。

(二)色稿

色稿是通过使用马克笔、彩色铅笔或水彩、水粉等颜料工具,将草图的构思具象化。在此阶段,设计者对包装所采用的表现方式、印刷工艺、使用材料等均有了明确的想法。

(三)制图

制图是与客户沟通并修改设计方案后,根据色稿在计算机中进行详细的制作,包括各设计元素的具体位置和色彩以及相应的精确数值。同时,还可以根据客户委托的需求制作成品的模拟效果,这样有助于设计师更清楚地发现设计、制作中存在的问题。

(四)打样

彩色图片经过分色过网或电子分色后,通常会先试印一次,以检验分色过网的色彩是否偏色,同时也可以作为正式印刷时的范本,打样是印刷品的检验,与原稿校对后即可开始印刷。

(五)印刷

将设计制作的电子文件交给印刷输出公司印制,一般情况下,由于印刷技工的技术水平良莠不齐等因素,在实际印刷过程中会出现一些问题,因此,为了对印刷品的色彩给予及时调整,最终达到满意的效果,设计师需要亲自跟单。

(六)成品

最后,完成制作流程,做出成品。

二、包装设计的规范

包装设计不仅是绘画、雕塑等艺术创作,其根本目的在于保护商品和销售商品,不能一味地追求艺术性。因而,在包装设计中,科学、环保、合理的包装应该是未来的发展方向。而一些和包装有关的法律法规,正是为了确保包装能够不偏离本质❶。

近年来,包装中出现的问题,主要为欺骗性过度包装和奢华性过度包装两大类。欺骗性过度包装是指以庞大的包装夸大真实内容物的容量;奢华性过度包装是指包装成本远远超过产品成本或搭售价值远远高于产品价值而又并非出于技术上或使用需要上的副产品。其中,欺骗性过度包装可视为商业欺诈,其严重损害了消费者的合法权益,也对同类产品厂家构成了不正当竞争,严重污染了市场环境。所以,世界各国的包装相关法律法规都对欺骗性过度包装进行了明令禁止。奢华性过度包装虽有一定的社会基础和市场需求,但也应控制在满足一小部分消费者之内。另外,随着逐步建立可持续发展经济模式以及环保循环型社会的呼声日益强烈,包装的环保性问题也被各国高度重视,并在包装立法中有所体现。

下面对国内和国际上的一些法规进行详细地介绍。

（一）中国包装法规

中国于2017年7月1日发布新《箱板纸国家标准》,对箱板纸的产品分类、技术要求、试验方法、检验规则和标准、包装、运输、存储等方面进行了规定。2020年4月发布的《中华人民共和国固体废物污染环境防治法》明确规定:国务院标准化行政主管部门,应当根据国家经济和技术条件、固体废物污染环境防治状况以及产品的技术要求,组织制定有关标准,防止过度包装造成环境污染,同时《中华人民共和国包装法》也对豪华包装进行了严格规范。2010年4月1日,国家首个强制性包装标准《限制商品过度包装要求—食品和化妆品》正式实施,对食品和化妆品的包装做出了严格的要求。

（二）欧美包装法规

美国与加拿大将过度包装定义为:欺骗性包装,其规定:包装内有过多的空位,包装与内容物的高度、体积差异太大,无故夸大包装,非技术上所需要者,均属于欺骗性包装。德国将欺骗性包装定义为:以膨大的包装夸大真实的内装物容量的行为属于欺骗行为,将予以处理。例如,把吹塑容器的把手和嘴连成一

---

❶汪艳.产品商业化流程中的包装创新与设计[J].中国包装工业,2015(Z1):68-71.

体,使人产生容器体积较大、容量较多的错觉;把纸盒包装里折叠的单瓦楞纸板衬垫安排得极其松弛,将纸盒体积扩大,使人产生错觉等,均属欺骗性包装。

(三)日本包装法规

因为日本资源稀缺,因此对资源的利用十分重视。日本制定的《包装新指引》规定,要求商品包装应尽量缩小包装容器的体积,容器内的空位不应超过20%,包装成本不应超过产品售价的15%,包装应正确显示产品的价值,以免对消费者产生误导。另外,日本的包装也非常重视环保,分别于1991年、1992年发布并强行推行《回收条例》和《废物清除条件修正案》。

(四)韩国包装法规

韩国政府采用三大措施来规范厂商的包装比率与层数限制:①检查包装;②奖励标示;③对违反包装标准的罚款处理,最高会被罚款300万韩元。对被怀疑有过度包装之嫌的商品,政府可要求制造商或进口商到专门的检查部门接受检查。制造商或进货商接到通知后,必须在20天内前往检查部门接受检查,并将检查结果记录在物品包装的表面,还要标示出包装空间的比率、包装材质、包装层数等。另外,包装废弃后,包装废弃物的分类回收与再生处理方面也有较为先进的经验。

(五)包装工艺科普知识

1.覆膜工艺

覆膜工艺是在包装印刷之后的一种表面加工工艺。它是指用覆膜机在包装的表面盖上一层透明塑料薄膜而形成的一种包装加工技术。

2.烫金烫银工艺

烫金工艺是将需要烫金或者烫银的图案制成凸型版加热,然后在被印刷物上放置所需颜色的铝箔纸,最后经过加压后使铝箔附着于被印刷物上。

3.UV防金属蚀刻印刷工艺

UV防金属蚀刻印刷工艺也称作磨砂或砂面印刷,是指在如金、银卡纸等具有金属镜而光泽的承印物上印上一层凹凸不平的半透明油墨后,再经过UV(紫外线)固化,产生类似光亮的金属表面有经过蚀刻或磨砂的效果。UV防金属蚀刻油墨可以产生哑光及绒面的效果,它可以使包装印刷品显得柔和、华贵和高雅贵重。

4.凹凸压印工艺

凹凸压印工艺是利用凸版印刷机较大的压力,把包装印刷的半成品上的局部文字或者图案轧压成凹凸效果且具有立体感的图文。此项工艺较多使用于印刷品和纸容器后的加工上,除了用于包装纸盒上,还应用于商标标签及日历、贺卡、书刊装帧等产品的印刷中。

第四节　包装设计课的教与学

随着我国经济的飞速发展,包装已经成为我们日常生活中不可或缺的一部分。包装设计是一门综合性极强的课程,更是一门将设计从平面领域转向立体领域的课程。在教学中,通过结合典型实例来讲述包装理论与技术及大量实例练习,使学生在了解包装造型、容器造型、装潢设计以及印刷工序、印刷成本核算等相关知识的同时,把握了当前包装装潢及相关行业发展的最新方向。同时,也使学生对包装流程中的市场调研、包装材料、包装技术、印刷流程以及运输、销售和计算机制作过程有了系统的了解。使学生的作业创作和市场相结合,从而创作出实用、富有个性、具有审美价值的包装设计作品❶。

一、包装的装潢、结构、功能要求

包装设计渗透人们生活的各个方面。小至早餐摊点打包盒、快递的包装纸箱,大至精密仪器的运输包装,只要人们在消费产品,就需要持续地和各式各样的包装打交道。可见包装对人们日常生活的影响体现在细小而常见的生活点滴。

市场上趣味化的包装能够极大地提高产品的附加值和辨识度,让它在货架上脱颖而出,从而吸引消费者选择自己的产品。新颖且具有辨识度的包装极易借助网络和媒体进行传播和推广,吸引群众的眼球,提高产品和品牌的曝光度、知名度和影响力。一些包装在材料或结构上巧妙地进行改进,消费者使用产品时进行辅助或扩展产品的功能,如因视觉的变化额外增加的欣赏功能、可将包装中的某些部分重复利用而增加的环保、趣味功能等,以提升使用感、体验感和重复购买欲望。

教学过程中,为学生们展示国际大包装赛事的获奖作品,对现在及下一时代的包装趋势进行分析和展望,并结合学生的美学基础和所学的专业知识,进

---

❶郝凤枝.混合式教学模式在包装设计课中的应用研究[J].绿色包装,2021(9):60-63.

行思维方式、创作方向上的引导,还要结合包装发展趋势,发散思维,对作业和课程主题提出独立的、差异化的要求。鼓励学生以认真的态度完成每一次作业,找出作业中的闪光点进行展示,对存在的问题加以点评,并提出改进方法和意见,从而不断提高学生的设计水平和能力。因此,在装潢、结构和功能上的设计需要突出体现其与同类产品的差别性,鼓励学生扩宽视野,从消费者的体验感入手以寻找切入点,解决现实中的问题,发现更多的可能性。

二、包装设计的教授方法

包装设计的授课方式以理论讲述、实例讲评为主,并结合大量的讨论和实际操作。为了培养学生的动手能力、图形语言组织能力和团队精神、职业素养等,在后期的实践部分应尽量采取分组合作的形式完成。作为包装设计课程的教师,则需要更深入地挖掘学生的设计潜能,使学生对包装设计产生更为深刻的认知和把握。针对包装设计的教学,除了传统的知识技能传授,还需要对以下要点加以重视。

(一)课程结构

现代包装设计课程应当注重调查和信息的搜集,重视并加强对相关学科知识的不断学习,同时,在遵循一定的、有效的操作程序和科学的学习方法下,对品牌学、市场营销、产品定位、品牌战略、消费心理等相关知识有所研究,以提高学生多角度思考、分析问题的能力。

(二)实用性原则

在进行包装设计的过程中,学生经常会片面追求造型和视觉效果上的新奇,而忽视了包装的稳定性、保护性、使用的便利性,甚至出现其设计构思无法通过现有工艺呈现出来的情况。所以,在包装设计的教学上,教师应该引导学生从实际出发,强调包装设计的实用性。例如,可以在教学中与一些生产厂家在某个项目上进行合作,并要针对具体的设计任务开展具体的专业训练和实践学习。通过实用性教学的形式,锻炼学生的创造力和综合分析问题的能力,使教学与实践紧密结合。同时更能激发学生的创作热情,促使学生更注重产品和市场的实际要求,避免表面化的处理方式。

(三)创造性思维的培养

在增强学生创造性的过程中,根据市场环境的改变来培养学生的创新能力和复合能力,是一个关键环节。在实际教学中增加一些探索性、实验性的课题,可以让学生大胆探索与实验,变被动学习为主动学习,变模仿性设计为创造性设计,从而提高学生创造性地思考与设计能力。

三、包装设计的学习方法

包装设计的学习在于让学生了解包装设计构成的科学流程,掌握各种构成元素的设计方法与各种材质、印刷工艺的应用技巧,并能运用不同包装造型的设计表现,以及加强对系列化包装设计的把握等。

学习包装设计要注重以下几个方面。

(一)设计的表现角度和形式

不同的人对事物有不同的认识角度,在包装设计上则集中表现为某一个角度将有益于表现的鲜明性,确定表现形式后再进行深化,将大大提升包装设计的效率。表现形式是设计的具体语言,是设计内涵的视觉呈现。为了找到最适合的呈现角度和形式,需要学生在选择具体的表现形式之前,对设计主体和主题进行详尽细致的综合分析。

(二)包装的造型与结构

容器造型与结构设计影响着包装的成败。在学习包装设计时,切记不要只将设计重点放在视觉效果的呈现上,必须对包装的结构进行深入学习,才能设计出兼具美观与实用功能的包装。

(三)广阔全面的市场调研

包装设计的学习不仅要掌握课堂和书本上传授的知识和技能,还必须对当前包装市场的现状有所了解。可以通过网络收集大量包装设计的优秀案例,了解设计技巧等相关知识,了解当今包装设计行业的变化与发展。除此之外,最好能够进入各大商场、超市进行实地考察,通过近距离的实际接触,了解包装设计的造型、色彩、材质等相关要素,以对包装设计形成更清晰、更准确的概念。

(四)互动交流与团队合作

在分组设计的过程中,各小组成员可以先分别构思来绘制包装设计草图,然后集结创意开展讨论,通过不同的角度和审美标准来评判每个人的设计方案,总结其优缺点,并选出最优秀的一个方案进行深入制作。

(五)创新思维

在初期的学习过程中,往往以模仿借鉴为主,去学习他人的成功经验,但绝不可产生依赖,必须培养自主设计构思的能力。除了熟悉产品、了解市场,还要不断提高自身的文化艺术修养,从而最大限度地发挥自己的设计创作潜力。

四、智能包装的新技术应用

当前数字化、智能化的技术,如AR、印刷电路、氧化变色材料等智能包装是包装发展的趋势之一。与国外相比,当前国内市场中应用智能技术的包装仍然较为少见,属于新兴领域。可以想象,一件带有智能效果的时尚包装可以在消费者的惊叹中多次传播,能够提高产品的附加值和曝光度。

(一)增加感知,发现采用新技术

教学中关于视觉传达、功能实现等方面,要引导学生不拘泥于传统包装形式与单纯的结构智能,从材料、电子、技术的方向入手,思考如何研究并使用时兴的或具有潜力的智能技术来融入装潢,完善包装,与消费者产生互动,全面展现产品的信息,提升产品的辨识度和消费者的使用感受,并使用生动趣味的形式(如动画、建模效果等)来代替单纯的绘画效果。

(二)增设智能包装的相关课程

智能包装涵盖的专业知识范围相对广泛,且与传统包装存在思路和实现过程等方面不同,专门开设相关的课程是极有必要的。结合包装发展趋势,向学生展示智能包装中较有发展潜力的技术,要求学生掌握智能材料和技术相关的知识,并能够运用智能包装知识制作出装潢或功能较为出众的包装成果。

(三)发挥团队协作精神

智能包装涉及多方面知识,不仅有包装设计,还包括材料的发现和应用、程序编辑、机械制造、产品研发、影视编辑等多方面知识,学生在实现想法时不可避免地要面对知识面较窄的短板,需要与相关专业的学生交流,验证想法的可行性,探索实现想法的有用途径。团队合作能发挥各自专业的特长,加强团队成员之间磨合、协作和沟通,迅速达成目标产品的设计、制作的方向和方案,并依照成员状况、现实需求和技术水平的差异,在实际操作中进行有效变更。通过成员间不同意见,相互取长补短,不断的整合成一个坚强的团体,培养和发挥团队共事的能力和团队协作精神。学校要为学生搭建多方接触平台,鼓励不同专业或相关专业学生和老师进行交流,可采用作业或进行设计创作比赛的形式,跨专业进行分组组合,共同完成包装作业,这样既能拓宽学生的知识面,又能提升学生的实践应用能力。

五、包装设计课教学要求

(一)体现人文关怀

人文关怀是社会生活永远的主题之一。在发展经济的同时,致力于为残障人士、疾病患者等特殊人群提供更适宜的生活环境,是社会文明发展到一定程度的体现。作为社会上层建筑内的一个分支,设计艺术也应当为广大群众的需求服务。在教学中也应当有意识地为学生提供这样一种设计思路,为需要帮助的人群提供方便、安全的产品使用途径,使设计作品更具有社会属性。

此外,近年来由于生活节奏加快、社会压力较大等问题,焦虑、孤独、失眠等身心健康问题渐渐浮现,引起社会的广泛关注。各种包含"治愈"属性的产品在年轻人中广受欢迎,可爱、轻松、减压风格的用具和玩具随处可见。既然包装已经融入了人们的生活,那么也应当迎合使用者的心理需求,给予使用者愉悦舒适的感受。针对高压人群,设计相应的发泄、减压、安抚等方式,在使用包装时释放内心的压力和痛苦,也是一种人文关怀的方式。例如,2017年,在美国拉斯维加斯举办了世界上最大的消费者技术产业盛会,各种科技产品让人目不暇接,但最能打动人心的还是人文关怀方面的产品,比例如第一天展出的充满感情与温度的REM智能闹钟,它的包装是一张笑脸,第一眼就会觉得可爱可亲,每一个孩子都会喜欢,较好地配合了闹钟获取孩子睡眠习惯、追踪睡眠过程、通知家长的智能化产品,产品的价值效应和社会效益也得到了较好的体现。

我们在教学包装设计时,在满足产品功能的前提下,要尽量人性化、友好且充满情怀,让不同群体都能感受到人文的温暖与关爱,如在包装上醒目标明:"过量饮酒伤害身体""对残疾人多一点关爱"等。

(二)响应时代需求

包装设计是为市场产品服务的,它的生命力在于要紧跟或超越时代发展的脚步,并不断推陈出新。当今世界是大力竞争的时代,国与国之间、企业与企业之间竞争是非常激烈的。创新是对付诸多竞争的有力武器,也是当今时代大家追求的主题。为了促进产品推广销售,要更加贴近消费者的需求,包装设计也需要随时代发展,利用现代技术、材料和理念提供恰当的服务。

现在的包装设计教学内容大多是专业课本内容的重复,但在教与学的过程中,要调动学生的创作热情、创新激情。教学内容要新颖,除教授专业理论与相关实例外,着重穿插讲解具有时代气息的新知识,用专业的眼光挑选出新颖的、有独特创意的设计作品、设计方案与学生共赏,既能把学生的注意力集中起来,还能激发学生的兴趣,对培养学生的创作积极性与激发创作灵感作用很大。将新的技术、新的理念运用到目标产品的包装设计当中,为产品增加价值,也能够让消费者身心愉悦地接受产品。

从学生方面讲,要学一行,更要专一行。要做有心人,平时除了完成课程听课及相关的作业外,课余时间可以收集一些与专业有关的资料,特别是国内外设计的优秀作品,用来自我赏析,从中体会创作者的良苦用心,以此提高自己的素养,累积自己的设计知识和经验。学校开设的所需软件不是很多,但包装设计所使用的软件较多,一门应用软件少说也要十几节课时间,所以只能运用课余时间进行学习和丰富。俗话说,师傅领进门,修行在个人。培养个人良好的爱好,抽出时间多学习几种软件应用,平时加强训练。对老师布置的作业,能独立思考,虚心请教,追求完美,相信每一次都会有新的收获。

第三章　包装设计思维

思维是对客观事物本质属性和内在联系的概括和间接反映。目前,我们对包装设计思维的研究还停留在一般的描述和列举实例上,有待进一步开发和应用,这项研究无论是对包装设计理论的发展还是对创意实践的发展都有着重要的意义。心理学研究认为,创意思维是可以通过后天培养与训练而形成的。因此,本章分两节,首先在第一节阐述包装设计所运用到的各种创意思维,然后在此基础上研究达成这些思维效率的途径和方法,两节内容将理论与实践相结合,使本章内容更具有实际价值。

第一节　包装设计的创意思维

一、视觉思维

(一)视觉思维的概念

"视觉思维"这一崭新的概念最早是由美国德裔艺术心理学家鲁道夫·阿恩海姆(Rudolf Arnheim)在他于 1969 年出版的标题为《视觉思维》(*Visual Thinking*)的专著中明确提出的,并用大量的心理学试验和事实材料对这一概念进行了系统而深入的研究。

美国心理学家麦金受到这本教材的启发,成为正式使用这一概念的第一人。麦金也撰写了一部关于视觉思维训练的专著——《体验视觉思维》。在这部著作中,麦金不仅采用了阿恩海姆的"视觉思维"的概念,而且运用"看"(指"人们用眼睛看到的意象")、"想象"(指"人们用自己的心与灵魂所产生的想象")和"构绘"(指"人们随意画成的东西或绘画作品")这三者之间的相互作用定义了"视觉思维"的概念。

结合阿恩海姆·麦金关于视觉思维的解释,以及普通心理学的相关知识,我们可以形成这样一种通俗易懂的对视觉思维这种心理活动的基本认知:"视觉思维是指人类在视觉感知的基础上,对外部刺激进行感知而形成视觉意象之后,大脑再对视觉意象进行分析、概括、加工、整理,以寻求含义从而达到一定目的的心理过程。视觉思维是一种积极的理性活动,它自始至终在观察、想象、构绘等形式的不断交替、变化中进行创造性活动。"

(二)视觉思维的本质

1.视觉思维的材料——表象

视觉思维的材料是基本的视觉元素和对事物感知所留下的印象,即表象。表象是基于人类对事物的感知而留存于人们大脑之中的、夹杂着个人对事物认识的记忆形象,它既可以是整体的,也可以是分解和组合的。简单地讲,就是指那些具有事物属性特征的形象,在人们主观上的反映所产生的图形。它不仅带有事物的客观属性,同时也带有个人的主观色彩。

表象的形式有属性表象和关系表象两种。属性表象是指表现事物属性特征(事物性质的存在形式)的形象元素。作为视觉艺术的表象,它必须是可以感知的视觉元素。因此,事物的形状、线条、色彩、空间结构和动态等就成为视觉艺术表象的主要材料特征。表象必须经过视觉思维和视觉表现加工才能上升为艺术形象,设计师也必须通过对事物的形状和线条等视觉元素进行加工处理才能实现寄予情感的艺术形象(意象)的创造。

2.视觉思维的加工——意象

视觉思维的加工就是意象的生成过程。视觉思维的加工材料是事物的表象(带有事物特征和主观色彩的印象),与其他思维加工的方式相同,即通过对形态的观察、分析,然后进行抽象与概括的整合,实现情感植入转换。具体的思维加工方式更多地以联想和想象为思维形式,对形象进行分解和组合以夸张其特征。它的操作过程很少运用逻辑推理,更多的是以情感的判断与渲染为其主要特征❶。

二、形象思维

(一)形象思维的概念

形象思维是以感觉形象作为媒介、运用形象来进行合乎逻辑的思维方

---

❶李永慧.基于设计思维的包装设计课程探讨[J].设计,2022,35(4):87-89.

法。形象思维是以直接显示形象的方式进行的思维,是借助于表象、想象、联想等的意识活动。感觉、知觉和表象属于对事物的感性认识,由此而产生的直接反映事物的思维就是形象思维。形象思维是一种典型的创造性设计思维,是一种对生活的审美认识。审美认识的感性阶段是对生活的深入观察、体验并发现美,以得到关于现实中美的事物的表象;审美认识的理性阶段则是审美意识充分发挥主观能动作用,将表象加工成内心视象,最后设计出审美意象。

(二)形象思维的特征

形象思维是运用过去感知的事物印象通过想象、联想等进行分析、选择、综合和抽象以形成新的意象的过程,整个思维过程一般不脱离具体的形象,具有形象性、非逻辑性、粗略性、概括性、运动性等特征。

1.形象性

它使形象思维具有创造性的优点,致力于追求对已有形象的加工,从而获得新形象产品的输出。

2.非逻辑性

形象思维可以重新组合各种已有的形象素材来塑造新的形象。

3.粗略性

形象思维是粗线条式地反映问题,大体上把握问题,定性的或半定量地分析问题的一种思维方式。

4.概括性

形象思维运用经过加工了的理性的东西,运用概括的方法来把握同类事物的共同特征。

5.运动性

形象思维的思维材料不是静止的、孤立的、一成不变的,而是处于不断运动、变化之中的理性分析的材料。

三、抽象思维

抽象思维,又称逻辑思维、主观思维,是认识活动中的一种运用概念、判断、推理等思维形式来对客观现实进行的概括性反应。

抽象思维的概念偏重普遍化,概括的普遍化结果是形成理论的范畴。设计中的归纳演绎、分析和综合抽象和具体等形式,都是抽象思维的常用方法。

四、发散思维

(一)发散思维的概念

发散思维又称辐散思维、扩散思维、求异思维,它是根据一定的条件,对问题寻求各种不同的、独特的解决方法的思维,具有开放性和开拓性。

积极开发发散思维的能力,需克服若干心理误区:一是思路,固定单一模式的误区;二是明显陷入错误的歧途而不能自拔。这就要抛弃错误结论,迅速进入新的思考。要准确把握与判断发散思维可能成功与否,需要广博的学识和善于吸收多种学科的知识,厚积薄发,广开思路,有意识地促进发散思维突破的契机。

(二)发散思维的方法

1.反转型逆向思维法

反转型逆向思维法就是从反方向进行思考,是正向求反的具体思维应用形式。这种逆向思考法首先是要确立正向的标准,然后以此标准的反向角度进行思考表现。这种标准往往体现在功能、结构和因果关系三个方面,因此,逆向思维可以从相反的功能、结构和因果关系三个方面进行思考。

2.转换型逆向思维法

转换型逆向思维法就是把正向思维的成果和需要表达的主题,转换一种思维角度或方式进行思考表现的方法。在艺术表现中多采用替换的方法实现创意,类比、拟人和移情等修辞手法就是转换型思维法的具体应用。

当然,由于换的"说法"往往有悖于客观现实的真实性,因此这种表现方法总是给人一种"陌生感",但细想又能找到其合理性,所以能给人留下深刻印象。

3.缺点逆用思维法

缺点逆用思维法是多项辐射的一种具体应用,它将通常被认为事物优缺点的一些特征加以逆向利用,是化劣势为优势、化弊为利的一种思维加工方法。在设计中挖掘产品的优缺点特征,利用逆向思维将这种特征优点当缺点用、缺点当优点用,让人们在诙谐和幽默中体会产品的优缺点,以促进视觉意义的传达。

五、聚合思维

(一)聚合思维的概念

从思维的行进方向上来讲,聚合思维顾名思义就是朝着一个方向汇集的思维过程,所谓一个方向是相对于发散思维的多向而言的,而汇集则是向目标的逻辑推进,是一种叠加的思维方式。所以,聚合思维又称为集中思维、求同思维、正向思维、同一思维或收敛思维等。

聚合思维是对已知信息比较分析,概括出最优方案或共存的根本问题的思维,它是发散思维综合信息的反馈,简单来说,就是针对问题探求出一个正确答案的思维方式。因聚合思维是从不同来源、不同材料、不同层次探求出一个正确答案的思维方法,所以,聚合思维对于从众多可能性的结果中迅速做出判断、得出结论是最重要的。

聚合思维的关键是要确立一个(一些)目标或者标准,然后通过整合将不同的变化(要求)向这一目标或标准集中,利用人们对目标和标准的认可,延伸至有限的变化范围内。这里的标准则是指人们普遍认可的标准,目标则可能是多种子目标叠加下的总目标。这在我们面对创意任务时要求实现的各种客户要求、艺术与实用等相同。

(二)聚合思维的特征

聚合思维在进行筛选新方法、寻找新答案、得出新结论时,需要有思维的广阔性、深刻性和批判性等品质。

1.广阔性

是指全面地分析与把握事物各方面的联系和关系,才能选择最具有新意的结果。

2.深刻性

是指善于深入地钻研和思考问题,抓住事物的主要矛盾,揭示事物的运动规律,预测事物的发展趋势,才能寻找最佳的解决办法。

3.批判性

是指对众多的答案做出取舍,能独立思考问题,在解决问题中不拘泥于现在的方法,有自己独特见解和方法的人,才能找到新的答案。

六、联想思维

(一)联想思维的概念

联想思维是一种十分重要的思维,它是将创作者过去掌握的知识与现在正在进行的思维对象联系起来的一种思维,它通过相关性联系前后,生成新的创造性构想。很多时候,设计师所需要的灵感都是通过联想思维,从过去获得的经验里挑选、改进、发展而来的。包装设计方面的联想思维、联想设计,首先从设计空间思考作为切入点进入,并利用正反向思维、正反列举等,开拓思路,打开设计思维,使设计思维得到延伸,之后再做更为深入的思考。在整个包装设计的实践过程中,分别从结构上、特征上、功能上进行联想变化,最终设计出不同形式和风格的联想包装设计。

(二)联想思维的类型

联想思维的形式多样,有幻想、玄想、空想等,其中较为重要的为幻想,前瞻性幻想在广告设计中能起到十分积极的作用,它富有创意的特点决定了它在创意设计过程中的地位。不管是哪种形式,其所具备的特征基本是统一的,也就是联想思维的整体特征:连续性、概括性、形象性。

联想思维的类型包括以下几种。

1.相似联想

相似联想是指由一事物外部形态或某一观念与另一事物的形态或另一观念类同、近似而引发的想象延伸与连接。古语:"云想衣裳花想容"道出的就是最朴素的相似联想,由云联想到人的衣裳,由花的美丽想到人姣好的容颜,出发点以及联系的点是云和衣、花和容貌的相似性。相似联想的方式方法是将事物的相似性用设计表达就此转换,如老虎—花猫;铅笔—塔;香烟—手枪;鼠标—老鼠等。

2.接近联想

接近联想是指由接近的事物形态或者接近的观念所引发的联想。本质上,它是由事物空间与时间特性等方面的接近而引发的联想。接近联想的有效做法是将构成事物的条件与特征系统性地归纳、罗列出来,再依次联想接近事物,然后抓住重点进行突破与设计。例如,老人——健康、陪伴、关爱、养老院、保健品、家庭等;汽车——城市、车型、安全、舒适、时尚、品位、科技、环保、速度等;音响——乐谱、歌手、乐队、CD、家庭音响等。

3.对比联想

对比联想一般指的是事物和触发事物之间具有完全相反性质的联想,是形态与观念存在较强差异甚至对立的联想,其特点比较明显,带有强烈的跳跃性、挑战性。对比联想还有直接联想与间接联想的区别。直接联想:黑—白,善良—邪恶,坚硬—柔软;间接联想:3G—4G—5G、有线电话—无线电话。

4.因果联想

因果联想源于经验判断和想象,是人对事物发展变化结果的预判与猜想,触发物与联想物之间存在特定的因果关联,可以使人们由起因想到结果,或者由结果想到起因。例如,死亡—肝癌—吸烟,蚕蛹—飞蛾,鸡蛋—小鸡等。

七、灵感思维

(一)灵感思维的概念

灵感思维是借助于某种因素的直觉启示而诱发突如其来的创造灵感的设计思维方式。灵感也叫灵感思维,指在文艺、科技活动中瞬间产生的富有创造性的突发思维状态。

(二)灵感思维的特征

灵感思维具有客观普遍性,也有着自身的特征,在艺术设计思维形式中有着特殊的功能。灵感思维的思维过程并不是偶然产生的心灵感应,而是有其客观的发生过程,有一系列的诱发因素。

灵感思维还可细分为寻求诱因灵感法、追捕热线灵感法、暗示右脑灵感法、梦境灵感法等,它是一种把隐藏的潜意识信息以适当的形式突然表现出来的创造性思维的重要形式。

八、直觉思维

(一)直觉思维的概念

直觉思维就是在直觉的基础上,认识、判断和创造全新事物的一种思维方式。人的直觉来自生物的本能、知识和经验的积累。因此,直觉思维是建立在坚实的理论基础、敏锐的观察力、丰富的经验以及高度的概括力的基础上,根据人类的直觉用猜测、跳跃和压缩的思维过程进行的快速思维。直觉思维是混合了逻辑思维、形象思维和人类本能感应的一种潜意识思维。它是艺术设计灵感产生的一种重要思维方式,是体验性学习的主要思维方式。它具有突发性、非逻辑性、潜意识性和快速性等特点。

直觉思维是设计师在创作时,依据自身的文化素养、思维习惯、认知能力以及经验积累,结合设计风格,对事物属性进行直接的视觉表现。此外,当人们审视创意作品时首先是由直觉思维对画面主题的判断与解读,只有当观察者由于自身审美认知习惯、知识结构与创意作品背景知识不能够匹配时,人们才会在逻辑思维的指引下解读和分析视觉语言。因此,无论是创作还是欣赏,直觉思维形式都是视觉创意首先采用的思维方式。同时,在艺术创意设计的操作过程中,形象思维也一直是在直觉思维的辅助下进行判断和调整的。

(二)直觉思维的形成

直觉思维加工是一种非控制、非逻辑的猜测、跳跃和压缩的思维加工方式。结合大量的创意设计实践,直觉思维的形成机制大致可以分为以下三个阶段。

1.积累

大量的思考积累阶段,这个阶段要求我们要充分掌握设计的背景资料,进行分析、综合整理出其特征(设计切入点),并尝试运用所学知识和方法进行创新。由于这个时候逻辑思维和形而下的方法论占据了思维的主导,尽管可以批量生产出大量的、标准化的创意意象,但难免因标准化的痕迹而丧失了创意设计作品最重要的标新立异和艺术的巧合。

2.中断

这个阶段是跳跃和压缩的必备前提。当尝试逻辑和方法的道路被封堵之后,需要的是更换另外一种思路,这个时候中断思考去做别的事情就可以把强迫性的显性思维(逻辑为主的)转换成为隐性思维(发散为主的形象思维)。例如,你在休息睡觉时,强迫性的显性思维已停止了工作而做梦就成为你隐性思维的前提条件,实际上,这个时候大脑仍在积极地工作。在这个时候的思维形式显然已不受逻辑的羁绊而呈现出一种跨越式的活动。从另外一个角度来讲,中断也是触类旁通的前提条件,当你休息或从事其他事情的时候,很可能从无关的偶发事件中受到启发进而得到灵感。

3.刺激

这个阶段是接受新的刺激。中断只是放弃了显性思维走不通的模式,中断中很可能有新的事物、新的方法刺激你,瞬间以猜测、跳跃的形式接通新事物和创意要求之间的通道,形成全新的创意灵感。因此,新事物的刺激成为触类旁通的必备前提。这一阶段的关键是要跳出自己逻辑的思维空间而又心有所想地看待发生在你周围的每一件事情。

综上所述,各种设计思维方式都能在视觉传达的创意设计活动中发挥积极作用。这些设计思维方式分别在设计意念的生成过程中显现其结构性和整体性,同时又都在设计思维过程中形成视觉张力和复合形态。因此,任何一种设计思维形式都不是孤立存在的,它们是一个辩证统一的综合体。

第二节　达成思维效率的途径

一、提高思维能力

(一)提高观察能力

观察是有一定目的的、有组织的、主动的知觉。全面、正确、深入地观察事物的能力称为观察能力。我们可以尝试以下几种方法来提高观察能力。

1.开拓思路

开拓思路是从多角度观察题材,从而建立该题材的大量信息的一种观察方法。因为站在不同角度观察,努力思考、联想,就会有无穷的收获。

2.提高注意力

注意力就是对一定事物的指向和集中。由于这种指向和集中,人才能够清晰地感觉和认识客观存在的某一特定事物,而隔离开其他事物。要想提高自己的观察能力,必须提高自己的注意力。

3.扩大知识范围

知识与观察能力有密切的关系,知识越是丰富,观察能力越强,而知识贫乏的人所能观察到的东西非常有限。面对同样一个问题,具有某种知识的人可能从他们所知的知识范围内观察到解决问题的办法。一个人知识的范围也就是能观察到的事物的范围,知识的深浅也就是能观察到的问题的深浅。可见知识是观察能力的基础。

(二)提高发现能力

发现能力可细分为发现问题的能力、发现异同的能力、发现可能的能力和发现关系的能力四类。一个创造者应该经常能在一个普通的理论、事物或产品中发现大量的问题,包括已知的问题和未知的问题,细小的问题和重大的问题,理论上的问题和现实中的问题,以及现象的问题和本质的问题等。有意识地发现问题,应特别着眼于人们普遍认为已经解决的问题,甚至认为根本就不存在问题的地方或方面去发现问题。发现异同的能力即所谓同中求异、异中求同的一种能力。发现可能的能力则是对任何一个事物都要尽可能多地发现与其相关的可能性。发现关系的能力是指不同事物之间往往存在千丝万缕的关系,但由于种种原因,这些关系并非一眼就能被识别,特别是那些表面看来毫不相关事物之间的联系❶。

(三)提高想象能力

想象是新形象创造的基础。想象在创造活动中的作用是极为明显的,从某种意义上讲,没有想象就不会有创造。

从创造的角度看,只要人们进行创造活动,就一定离不开想象。一个人要开发其创造力,从某种意义上讲就是培养和训练其想象力。

(四)提高记忆能力

记忆是人们对经历过的事物能记得住并能在以后再现(回忆)或在它重新呈现时能认得它,即再现或再识经历过的事物的能力。任何创新活动,如果排除记忆都是不可思议的,因为任何一种创新活动必须以所记得的、经历过的事物为基础。设计中很重要的一个环节就是能够激活大脑中已存储的大量信息因子,这就客观上要求设计师需要先储备这些相关信息,这些都需要记忆来支持。进一步讲,正是由于有记忆能力,才能保持过去的觉察和认识的成果,并使当前的觉察和认识在以前觉察和认识的基础上更广泛、更深入、更全面地进行。也正是由于记忆,才能使人们不断地积累经验和知识,为创造新东西准备更充分的营建材料。常见的记忆法有强烈刺激记忆法、并用记忆法、争论记忆法、趣味记忆法、归纳记忆法、自编提纲记忆法等。

(五)提高联想能力

联想是由一件事物想到另一件事物的心理过程。联想能力越强,越能把自己的有限知识和经验充分调动起来加以利用;联想能力越强,越能把与某种事物相联系的成千上万种事物都联想到,取之所用,大大扩大创新思路;联想能力越强,越能联想到别人不易想到的东西;联想能力越强,越能应用边缘学科知识以及其他领域的知识。所以,设计师在日常生活和设计中要养成并锻炼由一件事物联想到其他事物的能力。

(六)提高分析能力

分析能力,是通过思维认识事物各方面特性、属性以及事物之间本质的联系。尽管分析问题与觉察、认识、经验、知识等都有一定的关系,但是分析问题主要还是与思维有关。其分析的本质由思维决定,因此分析能力主要是指思

---

❶周雅琴,王文瑶.思维定势行为在功能性包装设计的应用[J].设计,2021,34(23):139-141.

维能力。所以,思维的广阔性也决定了分析问题、思考问题的全面性,思维的深刻性则决定了思考问题的深度,思维的独立性则决定了思考的独立性,思维的敏捷性与灵活性也决定了分析与思考的性质。分析问题时一般遵循分析、综合、抽象、概括,最后形成概念或结论的过程。

二、达成思维的途径

（一）头脑风暴法

1.头脑风暴法的定义

头脑风暴法又称脑力激荡法,是于1938年美国BBDO广告公司负责人奥斯本首创的。这种创意方法的运作方式是先组织一批专家、学者、创意人员等,并以会议的方式共同围绕一个明确的议题进行讨论,共同集中思考,互相启发激励,借助与会者的群体智慧,引发创造性设想的连锁反应,以产生和发展出众多的创意构想。

2.头脑风暴法的原则

头脑风暴法的原则主要有:自由畅想原则、以量求质原则、延迟评判原则、综合完善原则。

（1）自由畅想原则

自由畅想原则的核心是求新、求异、求奇。它不受传统思想或逻辑等的限制与制约,克服心理上的思维惯性,善于从多种角度或反面去思考问题,从而使思维自由驰骋,使心灵保持自由的状态。任由自由畅想可能会由于一味追求新奇,产生一些荒诞不经的想法,而正是这些超乎寻常、看似荒谬的想法中经常有真知灼见,可能会包含着较大的创造性和启发性,如果将这些想法进行变化、改善,也许会得到极有价值的创新设想。

另外,自由畅想原则要求每个人充分发挥想象力和联想,通过多向、侧向、逆向和联想等思维形式,广泛地搜寻新颖的、富有创意的想法。

（2）以量求质原则

以量求质原则是指在以数量来保证质量,越是增加设想的数量,就越有可能获得有价值的创造。其主要运用规律为:发现创造性设想提得越多,包含有价值的、独特的创造性设想也越多,可见创造性设想的数量与创造性设想的质量之间是有联系的。获得理想答案往往是一个逐渐接近的过程,前期提出的想法往往不理想,而在后期提出的想法中,具有实用价值的比例较高。这就是所谓的"质量递进效应"。

（3）延迟评判原则

延迟评判原则是指在创造性设想阶段，只专心提出设想而不进行评价，避免任何打断创造性构思过程的判断。过早地进行批评、下结论，就等于把许多新观念拒之门外。一个创新性设想的提出，一般要经过从诱发、深化到发展完善的过程。当一个新奇的想法最初提出时，常常会杂乱无章，不合逻辑，甚至听起来会很好笑，但是，这些想法却能够引发出许多有价值的设想。因此，过早地加以批评或评判，不仅会降低提出更多设想的积极性，也会将一些有创意的想法扼杀在摇篮中。

（4）综合完善原则

综合完善原则是鼓励与会者积极参与知识互补、智力互激和信息增值的活动。综合完善原则要求与会者在他人提出的设想基础上加以改进、发展，或者进行广泛联想，从而形成新的设想。例如，几个人在一起协商或综合大家的想法，一般都可以强化自己的思维能力和提高思考的水平。

综上所述，自由畅想原则侧重创新；以量求质的原则强调数量是获得高质量设想的条件；延迟评判原则追求会议的自由、活跃的气氛，是充分发挥与会者创造力的保证；综合完善原则强调启发性和相互完善，它是会议成功的保证。这四个原则提出了保障创造性设想过程能够顺利进行的根本问题，因此对于个人进行创造性思维过程也非常有启发。

3.头脑风暴法的步骤

头脑风暴法一般分热身、明确问题、畅谈设想、确定方案四个步骤。

（1）热身

在头脑风暴会议的开始阶段，人们的注意力往往还没有集中，所以需要一个"热身"的过程。通过一些与会者直接参与或间接参与的体力活动、智力游戏或情感方面的引导与暗示等活动，使大脑进入创新思维的状态。

热身活动的具体做法是：由主持人宣布和说明会议必须遵守的原则，然后做一些小练习。练习题应该是一些与会议内容无关，但又需要发挥想象力的问题。

（2）明确问题

当与会者通过"热身"活动后，由主持人介绍问题，让大家对要讨论的问题有明确的认识。主持人介绍问题需要掌握以下两点：简明扼要和注重启发性。简明扼要即由主持人扼要介绍问题，应不带任何限制条件，也不要过多地介绍背景资料，避免形成条条框框的束缚思想。注重启发性是要求主持人在介绍问题时应该对问题进行多角度、多侧面的分析,然后从多个方面提出问题。提问时也可以采用提问转换的方式,如用"为什么?""应采用什么方式?"等,通过不断地提问、回答,引导大家逐渐深入问题的本质和要害,并最终明确要解决的问题。

（3）畅谈设想

畅谈阶段是头脑风暴的核心,要求与会者畅所欲言,借助成员之间的知识互补、信息刺激和情绪激励,并通过联想、想象等思维方法,提出有创造性的设想。

在畅谈阶段,与会者除了要严格遵守智力激励法的四项原则外,还应该注意:不允许私下交谈,要始终围绕一个会议主题,以避免分散注意力;设想表述要简明扼要,每次只表述一个设想,以便使设想获得充分扩散和激发的机会;所提的设想不分好坏,一律记录下来。当智力激励可能会出现冷场时,会议主持人可以酌情提问,启发引导或者采用强制联想法。畅谈阶段的时间应控制在1小时左右为宜,一般经过畅谈取得30～100条的设想后,可以结束会议,转入下一步骤。

（4）确定方案

通过头脑风暴得到的设想是没有经过仔细斟酌,也没有做任何评价,会后要安排专门的时间进行评价、筛选,最终形成解决问题的方案。在评价与筛选方案阶段需要完成的主要任务包括增加设想、评价筛选、形成最佳方案。增加设想最好在会议结束之后,由会议主持人或秘书通过电话、电子邮件或拜访等形式收集与会者在头脑风暴会后的新设想,这一步是必不可少的。因为通过休息后,与会者的思路往往有新的转变或发展,会产生更有价值的新设想。

4.头脑风暴法的要求

（1）议题选择的要求

议题的选择要求必须合乎与会者的知识水平和关心程度,以参与者们一直期待解决的问题为佳。当然,事先公开议题的做法也是可行的,但参加人员是否会围绕议题尽力去思考想法,仍有必要推敲。因而将大议题细化,从接近参与者关心程度的议题开始,是一种较好的方法。议题的内涵要有明确的界定,不能出现模棱两可、似是而非的情况。会议开始后,主持人应仔细阐释议题,以便让与会者理解。

(2)主持人的要求

会议主持人除了要求有一定的组织能力,具有组织创新活动的经验外,最重要的是要熟悉头脑风暴会议的基本原则、程序和操作机制。例如,对议题有比较深刻的理解,以便在会议中能启发诱导;及时制止违反会议原则的现象,创造一种自由畅想的局面,充分诱导与会者进行积极思考;以平等的态度参加会议,友好地对待每一个与会者,促使会议形成融洽气氛等。

(3)参会人员的要求

参会人员的专业组成要合理,应以熟悉专业和有经验的内行人员为主,可以选取少数来自其他专业的"外行";参会人员之间的知识水平和职务不应相差太悬殊;参会人员之间年龄差异不宜过大;参会人员应具有适当的表达能力和对问题感兴趣。

另外,应保证与会者多数是对议题熟悉的行家,但不要局限于同一专业,以保证有全面多样的知识结构,同时应有少数"外行专家"参与,以便突破专业思维定式的约束。参会小组成员以 5 ~ 10 人为宜,人数太多则不易集中,有些人发言机会少,会增加对问题理解的分歧,使思维目标分散,降低激励效果。

(4)记录员的要求

会议记录员最好安排两名,以防遗漏讨论中的重要内容。记录下的原始设想往往是进行设计综合和改善方案的备用素材,所以,可将与会者提出的设想抄写在大家都能看到的演示板上。必要时还应将所有的设想进行编号备用。

另外,记录员的字迹要清晰,确保每位参与者都能看清,海报纸版面应简洁整齐。注意记录的分类整理工作,会议结束后,应该对所做记录进行分类整理,并加以补充,然后提交给具有丰富经验和专业知识的专家组进行筛选。筛选应从可行性、应用效果、经济回报率、紧急性等多个角度进行,以选择最恰当的点子。

综上所述,在具体操作头脑风暴法时还应注意以下问题:①会议的主题应事先通知与会者,并附送必要的说明,以便与会者做好讨论的准备工作,收集确切的资料,按照正确的设计方向去考虑问题;②与会者以 5 ~ 10 人为宜,尽量避免行家过多的情况,因行家过多难免各抒己见,做出过早的评价,这样很难形成自由奔放的讨论气氛;③对与会者提出的各种设想最好不要在同一天进行评价,因为在热烈的气氛下与会者往往难以冷静思考各种设想的可行性。

可以反复进行,直至最后形成切实可行的设计方案。

(二)改进型智激法

1.戈登分合法

戈登分合法是通过同质异化使熟悉的事物变得新奇(由合而分),或通过异质同化使新奇的事物变得熟悉(由分而合)的一种类比方法。该方法是由美国哈佛大学教授 W.J.戈登于 1944 年提出的,又称提喻法、综摄法、分合法等。

戈登分合法的特点:除主持人以外,其他参加会议的人员都不知道会议要解决什么具体问题;用"抽象的阶梯"方式向与会者宣布讨论的事情,而不具体讲清问题是什么;要求与会者天马行空地提出各种不同的设想;在适当的时候,才宣布所要讨论的问题;会议主持者在主持讨论时,要因势利导地启发大家围绕主题讨论。

戈登分合法的步骤如下:

(1)模糊主题

和头脑风暴法相反,主持人在会议开始时并不把研究目标和具体要求全部展开,而是将与设计课题本质相似的问题提出来讨论。

(2)类比设想

由于提出的问题十分抽象,与会者可以凭想象漫无边际地发言。当随意提出来的想法中有利于接近主题的想法时,主持人要及时加以归纳,并给予正确的引导。

(3)论证可行

将类比所得到的启示进行技术、经济等方面的可行性研究,并编制出具体的实施计划。

在新产品的开发和对现有产品进行改良设计时,戈登分合法对设计思维的提喻效果较为明显。例如,要研究改进剪草机的方案,主持人可由远及近,先提出"用什么办法可以把一种东西断开?"与会者或回答用剪刀、剃刀、砍刀、刨刀等切断;或用手锯、钢锯、电锯等锯断;或用手或器具拉、拔、扯断等。之后,主持人再明确宣布主题。通过讨论,可以考虑用理发推子的形式,或用旋转刀片的形式产生方案。如果一开始不是用"断开"这一抽象词,而是用"剪开",那么,人们的思路也许只会局限在刀具上。除了使用刀具等物理方法外,还可考虑药物除草剂等化学途径。通过这种抽象类比的方法所获得的启示往往会使创意领域更广阔、更有深度。

综上所述,戈登法分合法的优点是先把讨论的问题加以抽象化,然后研究解决问题的办法。这样可以使与会者不受现实事物的约束,大胆而漫无边际地畅抒己见,从而产生出一些不寻常的设想或创新的办法;缺点是把重点过分集中在主持人一个人身上,会议的成败很大一部分取决于主持会议者的引导和启发,有可能因主持人的个人成见而影响最佳构想的出现,所以可以采用一些变换的形式进行。例如,使一半与会者明确真正的主题,使这部分人成为主持人的得力助手;可以将第一次会议发言进行录音,在下次会议上,让与会者边听录音边构想;也可以将与会者分为两组,一组按戈登分合法进行,另一组可根据第一小组讨论的构想,考虑解决实质问题的最佳方案。

2. 635法

635法是一种书面智力激励法,也叫卡片式智力激励法、默写式智力激励法。它是德国的鲁尔巴赫依照本民族惯于沉思的性格特点,在继承经典奥斯本智力激励法基本原则的基础上提出的,而后在头脑风暴法的基础上发展而成为集体创造性的思考方式。

635法的一般议程是通过书面得到设想后,制定一定的筛选原则,先将设想进行分类,而后筛选并从中找出有价值的设想。这种整体的思考方法有利于抓住更好、更新颖的想法,它时间短、速度快,并且因为没有直接说出方案要求可以自由地发挥想象,也可以相互启发,激发灵感。

635法的实施要点主要体现在以下3个方面。

(1)会议准备

选择对635法基本原理和做法熟悉的会议主持人,确定会议的议题,并邀请6名与会者参加。每人面前放置设想卡,卡片上画有横线,每个方案有3行,共有9个方案的空间,横竖分别注有1、2、3或A、B、C序号。在每两个设想之间留出一定空隙,以便其他人再填写新的设想。

(2)会议实施

在会议主持人宣布议题(创造目标)并对与会者提出的疑问进行解释后,便可开始默写激智。例如,在第一个5分钟内,要求每个人针对议题在卡片上填写3个设想,然后将设想传递给右邻,再继续填写3个设想;在第二个5分钟内,要求每个人参考他人的设想后,再在卡片上填写3个新的设想,这些设想可以是对自己原设想的修正和补充,也可以是对他人设想的完善,还允许将几种设想进行取长补短式的综合,填写好后再向右传给他人。每隔5分钟重复1次,共传递卡片6次,30分钟为一个循环,则可得108个设想。

（3）会后综合

从收集上来的设想卡片中,将各种设想,尤其是最后一轮填写的设想进行分类整理,然后根据一定的评判准则筛选出有价值的设想。

3.MBS法

MBS法是"三菱式智力激励法"的英文缩写,由日本三菱树脂公司发明。MBS法是一种加入个人思考和评价的智力激励法,其实质是集思广益、知识互补、互相激励、互相启发,以利于联想,从而通过集体智慧得到较优的解决方案。

MBS法克服了头脑风暴法在会议后需要做大量的分析比较工作才能对各种设想进行评价,从而得出满意结果的缺陷。利用三菱式智力激励法,不仅能够激励大家想出众多方案,而且采用群辩的方法可及时获得最佳方案。头脑风暴法虽可以产生大量的新设想,但由于它延迟批判,因而在对设想进行有效的判断和集中方面存在着一定的局限。

MBS法的实施步骤如下:①主持人1名,记录员1名,会议参加人数为4～8人,时间1小时左右;②会议主持人宣布议题,明确问题并做出必要解释;③参加会议的人在纸上填写自己的设想,每人1～5个,时间控制在10分钟之内;④依座位次序,轮流阐述自己的设想,每人1～5个,由会议记录员记下每个人提出的设想,如果与会者在这个阶段由此得到新启发,请立即记下,再宣读;⑤各人将设想写成正式提案,提案人必须对设想进行较详细说明;⑥与会者相互质询、辩论,并进一步修订提案;⑦会议主持人将与会者的正式提案用图解的方式写在黑板上进行归纳,使设想系统化,以引导大家进一步讨论,从中选出最佳方案。

MBS法与奥斯本智力激励法相比较,因能在会上相互质询,故有利于方案的综合与完善,有利于在质询中产生新的设想。该方法要求主持人具有较高专业水平和思维智慧,并善于掌握、引导整个会议从而做出明智的判断。

（三）5W2H设问法

5W2H设问法是根据7个疑问词从不同角度检讨创新思路的一种设计思维方法。因为这些疑问词中均含有英文字母"W""H",所以被命名。最早提出和使用的是美国陆军的5W1H法,后来经过总结和改进,将how分解为how to（怎样做）和how much（达到什么程度）,演变为5W2H法。

5W2H法的一般操作程序如下：

第一，对现实的问题或现有的产品，从以下7个角度来检查合理性与可行性：①为什么会发生这种现象，为什么需要革新（why）？②什么是革新的对象（what）？③什么人来承担革新任务（who）？④什么时候完成（when）？⑤从什么地方着手（where）？⑥怎样实施（how to）？⑦达到怎样的水平，成本是多少（how much）？

第二，将发现的难点、疑问列出。

第三，讨论分析，寻找改进措施。如果提出的设计方案通过了上述7个问题的审核，则被认为是可取的；如果其中哪方面的答复不能令人满意，则表示这方面还有改进的余地；如果哪方面答复有独特的优点，则可进一步扩大该产品的功能。设问的内容应是多方面的、多层次的，设问的方法可以采用发散思维的形式。

5W2H法作为一种常用的设问方法，由以下7个具体问题组成：

第一，为什么（why）——设计的目的。这是为了检验设计目的中究竟想解决原有产品的缺陷，还是想开发全新的产品；是提高效率、降低成本，还是想保护环境适应潮流。

第二，是什么（what）——设计物的功能配置。这是用来分析产品基本功能和辅助功能的相互关系如何，消费者的实际需求是什么。

第三，什么人用（who）——设计物的购买者、使用者、决策者、影响者，其目的是用来了解消费对象的习惯、兴趣、爱好、年龄特征、生理特征、文化背景、经济收入状况等。

第四，什么时间（when）——设计产品推介的时机以及消费者的使用时间。企业将根据产品的消费时间合理安排生产，把握好产品的营销策略等。

第五，什么地方用（where）——设计产品所适用的条件和环境，针对不同地域和场所开发有利于环境与条件的优良产品。

第六，如何用（how to）——如何考虑消费者的使用方便，怎样通过设计语言提示操作使用等。

第七，达到怎样的水平，成本是多少（how much）。

5W2H设问方法，是列举构成一件事情的所有基本要素，从而对构成问题的主要方面进行分析。这些方法常被用来对概念方案、产品设计的可行性进行分析。这一设问方法比较适用于目标定位阶段的构想，也是做出初步决定的基本思路。

(四)检核表法

1.检核表法的定义

检核表法又称为稽核表法、对照表法、分项检查法等。该法在考虑设计问题时,首先制成一张表,然后逐项进行检查,以避免要点的遗漏。该法是一种激励创造心理活动的方法。

检核表法的特点为主体参照稽核表中提出的一系列问题,探求自己需要解决问题的新观念,以创造性地解决问题。检核表法可分为项目稽核表法和普通稽核表法两类。

项目稽核表法的特点是:表中罗列一系列较为具体的问题和注意事项,给人指出一般解决问题的方向。

普通稽核表法的特点是:表中罗列一系列具有共性和普遍意义的问题,给人指出创造性解决问题的方向。

在制作检核表时,必须注意以下要点:①制表条理应清晰,应检查是否毫无矛盾地列入了所有项目;②所列项目应以过去的、他人的事例与意见以及其他情报为基础;③在依据检核表的项目进行构想时,应根据萌发的构想,检查检核表是否有不妥之处;④运用检核表法,不可一开始就列表,而是先制作卡片,待卡片数量增多后,再制作出条理清晰的表。表制成后,再逐项运用头脑风暴法来开发设计构想。

2.检核表法的内容

检核表法是由美国创造学家奥斯本率先提出的一种创造方法,该方法原有75个问题,可归纳为七组提问类型,如表3-1所示。

表3-1　提问类型检核表

序号	提问类型	范围
1	改变的可能	改变结构、方式、形状、声音、功能、环境、材质、目标、意义……
2	增扩的可能	增扩功能、条件、因素、对象、形式、体积、样式、类型、频率……
3	减缩的可能	减缩体量、成本、限制、范围、价格、渠道、过程、障碍、损耗……
4	代替的可能	可替代的材料、结构、观点、原理、方法、技术、型号、功能……
5	颠倒的可能	颠倒顺序、上下、表里、正反、因果、主次、总分、有无、虚实……

续表

序号	提问类型	范围
6	分解的可能	变大为小、化整为零、解难为易、避实就虚……
7	组合的可能	无中生有、以少结多、连点成线、运线成面……

检核表法是把已规范化的项目详细列表,并按一定程序从不同角度对研究对象加以审视和研究的设问方法。这种方法灵活性强,适用面很广,也需要思考者有辩证的思维方法与灵活的头脑。简言之,这种方法利用列举和设问的方法,不拘一格地针对所要解决问题的对象提出各种改进的可能,由于同时配以一些确定性的因素,因此针对性很强。这一方法提出的问题不受限制,可归纳为以下提问方法,如表3-2所示。

表3-2 提问方法检核表

序号	提问方法
1	是否有其他用途?是否可直接用于新用途,或改造后用于其他用途
2	是否能够应用其他设想?是否与其他设想相类似?是否暗示了其他某些设想?是否与过去的设想相类似?是否能够加以模仿?是否可以向谁学习
3	是否可以修正?是否有新的想法?是否能改变意义、颜色、运动、声音、香味、样式和类型等?是否可以有其他变化
4	是否可以扩大一下?是否可以增加些什么?是否要延长时间?是否可以提高频率或增大强度?是否可以更高些、更长些、更厚些?是否可以增加附加价值?是否可以增加材料?是否可复制或是加倍乃至夸张等
5	是否可以缩小?是否可以减少些什么?是否可以更小些?是否可以微型化?是否可以做到浓缩、更低、更短、更轻或是加以省略等?是否可以做成流线型或者进行分割
6	是否可以代用?谁能代用?可用什么代用?是否可以采用其他材料、其他素材、其他制造工序或是其他动力?是否可以选择其他场所、其他方法,或是其他音色
7	是否可以重新排列?是否可以替换要素?是否可以采用其他图案、其他顺序或是其他布局?是否可以置换原因和结果?是否可以改变步调或改变日程表
8	是否可以颠倒?是否可以对正和负进行替换?是否可以方向朝后或者上下颠倒?分析一下相反的作用如何?是否可以朝向另一个方向
9	是否可以组合?是否可以采用混合晶体、合金?是否可以统一?是否可以使单元组合起来?是否可以分别使目的、观点、设想等结合起来

表3-2可结合不同问题进行提问,如针对新产品的研制,可逐一提出、讨论和回答如表3-3中的问题。

表3-3　产品的研制提问及回答表

序号	问题	回答
1	转化类问题	某一物品按原有的性能和状态是否能用于其他环境和目的?或稍加修改后是否能有其他用途?例如,通过发问和思考,突破现有产品功能和用途的专一性,可以发现和寻找出其新的功能
2	引申类问题	有无别的东西与此类似?是否能从该产品得到启发,引申发明出其他东西和设想?是否能用此东西模仿其他东西?例如,通过联想由人脑引申到计算机,通过类比与模拟由苍蝇的复眼构造引申到复眼式照相机等
3	变动类问题	能否对目前的产品进行某些改变,如外形、颜色、动作、结构、形状、工艺等?改变后又会产生什么样的结果
4	放大类问题	该产品能否放大,如时间、寿命、强度等?是否能高一些、长一些,是否能附加新的功能和附件?经过这样放大后,其性能有什么改变?例如,一般手表都有一定的寿命,而雷达表通过对寿命的延长而生产出了永不磨损的新型手表。又如,宽银幕电影、投影电视都是将原来的产品在概念上放大后发明的新产品
5	缩小类问题	该产品能否缩小?如使之变小、浓缩、降低、变轻、变薄、变短,或者简化,结果会如何?例如,晶体管通过体积上的小型化而在一小块硅片上集中了众多的晶体管成为集成电路,进而又出现了大规模集成电路。又如,一些用品,如隐形眼镜、袖珍字典、袖珍电视等,也都是采用缩小技术来实现的
6	颠倒类问题	可否颠倒使用?颠倒出和入、因和果、正和负、上和下、左和右、前和后等,颠倒后会有什么结果?如电池可以作为提供电能的产品,反过来思考,能否有什么产品为电池提供能量呢?这样的思考就发明了充电电池和充电器
7	替代类问题	有无其他东西可以代替现有的东西?如果不能完全替代,能否部分替代,如材料、颜色、制造方法,动力来源等?如产品的一些零部件是否能用其他材料,如铝或塑料代替钢材
8	重组类问题	零件、元件能否互换或改换?加工、装配顺序能否改变等,改变后的结果又会怎样
9	组合类问题	能否将现有的几种东西组合成一体?怎样组合更好?例如,思想组合、方案组合、功能组合、原理组合、整体组合、零部件组合、材料组合等

　　利用上述检核表,针对某个产品既可以从上述九个方面提问,也可以只从一个方面层层发问,都可以得到许多新的设想和方案。在此基础上,对各种方案进行分析和评估,从中选出一种或数种方案,就可以开发出新产品。

　　3.检核表法的思考范围

　　范围思考法被称为是"产品开发中应该考虑的范围检核表法",它是由美

国麻省理工学院教授J.阿诺德发明的设想法,其要点主要体现如表3-4所示。

表3-4　检核表法的思考范围表

序号	设想法	思考范围
1	增加功能	这是产品开发的基础,即在原有的基础上能增加新功能吗?产品的功能不是单一的,设计师应从多方面加以考虑,产品应尽可能是多功能的
2	提高性能	在便携、耐用、可靠、修理、保养等方面能否改善?产品设计不仅是为了使用方便,还应该结实、精致、安全、便于维修和具有美感等
3	降低成本	能否去掉多余零件?能否选用便宜的材料?能否采用更简单的制造方法?产品设计应思考材料的改变,减少下脚料,使部件标准化,尽力减少制造工序,努力实现自动化等,以此来达到降低制造费用的目的
4	增加产品魅力	对产品的特点、设计包装等是否做改进研究?使产品造型、色彩、包装等方面更好地满足消费者需求

(五)特尔斐法

1.特尔斐法的定义

特尔斐法是由美国最大的智囊团兰德公司的赫尔马、达尔基和戈登等发明的,是利用专家的直观和判断来预测未来的方法。这种方法参与的人员一般是多方面的专家,项目的组织者必须有多方面的综合水平和能力。这样就可以把创造性思维更好地发挥出来,达到理想的效果。并且,这种方法酝酿时间长,理性因素充分,但是这种方法不利于人员之间的交流,往往想法、意见都太片面,并且受组织的限制性太大,花费的时间较多,速度太慢。

2.特尔斐法的特点

首先特尔斐法既不会受权威的意见影响,也不会使专家在修改意见时担心影响自己的威信,从而保证了各种论点都可以得到充分的发表,体现了特尔斐法的匿名性。其次,通过信息反馈和沟通,专家能从反馈的调查表中了解到别人对自己观点的意见及其补充,有利于作出新的判断。最后,能对问题做定量处理,对于预测时间、数量等问题,可直接用数量表示。对于规划决策问题可以采用评分的方法,把定性的问题量化。

3.特尔斐法的操作步骤

特尔斐法的具体操作步骤如下。

（1）制订征询表

由于征询表的制订直接关系到征询结果的优劣，所以，首先应在征询表上向各位专家简单介绍特尔斐专家法的基本原理、操作程序、规则等，然后提出问题。另外，问题的表述应该有针对性，有多个问题时，可按照由浅入深的顺序排列。表格应尽可能简明，问题的数量一般以不超过26个为宜。

（2）选择专家

尽量选择那些精通本门学科、有一定声望和有代表性的专家，适当选择一些边缘学科、社会学和经济学等方面的专家。专家人数为10～15人。为保证活动的正常进行和人员的稳定，事先应向候选专家征求意见，询问是否可以坚持参加此项活动，以避免出现拒绝填表或中途退出的情况。

（3）征询调查

运用特尔斐专家法一般要经过四轮征询调查。第一轮征询调查可以任意回答，经过领导小组进行综合整理后，用准确的术语制订一个"征求意见一览表"，再依次进行第二、第三、第四轮征询调查，请专家在"征求意见一览表"中，对列出的意见进行评价，并提出其评价的理由。

（4）确定结论

在经过四轮征询后，通常专家的意见会呈现收敛的趋势并最终形成较一致的看法。领导小组可以据此得出结论。

（六）简单联想法

1.接近联想

接近联想是指以事物之间在时间、空间和秩序上的关联作为依据而产生的联想。例如，看到了水就会想到水里面游动的鱼和虾，看到司机就想到车，看到乌云翻滚就想到闪电等。

2.相似联想

相似联想是利用事物间某种属性的相似而产生的联想。这种属性包括形式形状、性质、材料、意义和功能等。例如，足球到地球、火到热、钢笔到铅笔等。在视觉思维中我们常常使用视觉形态的某种心理感应形式，来引发人们对某种抽象属性概念的联想。例如，我们往往使用轻盈的曲线表现女性的柔美，使用粗直线表现男性的刚毅。形的相似更是我们在创意过程中经常使用的视觉联想基础。例如，我们看到圆就会想到地球和足球等。

相似联想的关键是要找到被联想事物的相似性,这种相似性包括相似的概念到形态或者是由相似形状引申出来的概念相似。另外,相似联想是形意同构的基础思维模式,形和意的融合也是艺术创意设计的最高境界。简单来说,在艺术设计中,就是通过形式相似揭示意义相关而建立的同构关系,由此使人们产生的图形到概念的思维延伸称为意境。

3.相关联想

相关联想是指事物之间的逻辑关系,如因果关系、从属关系、传递关系、依存关系和并列关系等而产生的一种联想方式。例如,从和尚想到庙是依存关系,从和尚想到尼姑是并列关系,从和尚想到武僧是从属关系,从和尚想到木鱼是传递关系,从和尚想到斋戒是因果关系。借用相关联想,以事物的内部关联关系为依托进行类比联想揭示主题属性,常常是在艺术设计中侧面表现创意主题的有效方法。

4.相反联想

相反联想是根据事物表现的方位、属性、形态、结构和优缺点的相对(反)特性进行的关联联想,也叫对比联想,是设计中逆向思维的一种运用。例如,我们想到战争时往往关联到和平,看到胖子往往联系到瘦子等。相反联想使得我们的设计更为丰富多彩,从不同的角度出乎意料地传递设计目的。

(七)强制联想法

1.强制关联法

强制关联法是指通过联想,把那些表面上看起来风马牛不相及没有任何联系的两种事物进行强制关联。类似于"限制性"创新思维的加工方式,它是从熟悉到陌生的一种联想过程,它的加工模式是"随见—联想—联想—目标"。

在设计时,把所看到的(如查阅资料时)视觉形态强迫与主题关联,尝试性寻找主题与偶发视觉元素的关联,以创造和吸纳新的创意思路。心理学研究表明任何事物之间都可以通过联想使其建立关联。这种偶发的强迫式关联经常会迸发出意想不到的、奇异的灵感火花。基于此,笔者建议在视觉资料的搜集过程中,应该进行强迫性的关联联想,因为这个时候很容易产生设计灵感。

2.强制联想法的方法

生活中,可以将相互矛盾的事物性质和形态采用强制关联法的方式,使其产生联系,这样就能为我们联想的多样性和流畅性提供基础。因此,在收集资料时要求学生必须采用强制关联法积极联想,为设计积累大量的创意思路素材。

强制联想的方法有以下几种。

(1)属性改善排列矩阵法

利用排列组合的方法,将美国奥斯本的检核表法与克劳福德的属性列举法的优点组合在一起,更易于掌握和使用。

(2)属性列举法

由美国的克劳福德发明。在创造的过程中通过对事物的基本属性、特性的分析,打散并寻找出每个子属性的特性进行列举,针对每项子属性提出改良或改变的构想。

(八)属性列举法

1.属性列举法的定义

属性列举法又称为特征列举法(Affributes Listing Method)、特性列举法等,是美国尼布拉斯加大学罗伯特·克劳福德教授在他1954年发表的《创造性思维方法》一书中正式提出的。属性列举法以系统论为基础,主张利用属性分解的方法对设计物进行全方位的研讨和评价,这是一种从事物的属性中萌发设想的分析技术。

克劳福德认为世界上一切新事物都出自旧事物,每个事物都是从另外的事物中产生发展而来的。创造必定是对旧事物某些特征的继承和改变。一般的创新都是对旧物改造的结果,所改造的主要方面是事物的特性。任何事物都有其属性,如果将研究的问题化整为零,就有利于产生创新设想。属性列举法就是通过对需革新、改进的对象做观察分析,尽量列举该事物的各种不同的特征,然后确定应该改善的方向及实施方法。

2.属性列举法的基本要求

属性列举法的基本要求主要体现在以下两个方面。

(1)分析创新对象,列举并整理对象的属性

属性列举法属于对已有事物进行革新的技法,因此,在确定研究对象后,应了解和分析事物的现状,熟悉其基本结构、工作原理、性能、使用场合及外观特点等内容。如果事物较大、较复杂,则应该将创新对象分解为若干小的组成

部分。然后进一步将各组成部分的功能、特征、材料、性质、制造方法、颜色、结构、造型、各部分与整体的关系、各部分的连接关系等尽量列举出来,并对以上列举出的所有元素加以归类,并且按照内容重复的合并,互相矛盾的协调统一的观点进行整理。

(2)针对属性项目提出创新设想

这一步要充分调动创新性观察与创新性思维,只有对三类属性中的某一方面提出新的意见或设想,才能达到解决实际问题的目的。因此,尽量详尽地分析每一属性,针对属性进行大胆思考,提出问题,找出缺陷,用取代、替换、简化、组合等方法加以改进,使产品更符合人们的需要。

3.属性列举法的基本步骤

属性列举法的基本步骤如下。

第一,确定所要设计的对象,将改进对象的特征或属性全部列举出来,如功能如何、特性怎样、与整体的关系如何等,列成一览表。如果对象过于复杂,则应先将对象分解后选一个目标较为明确的发明或改进课题,课题宜小不宜大。

第二,将列出的属性分为名词、形容词和动词三类,从三个主要方面进行特性列举。名词属性指材料、部件名称、整体、局部等,动词属性指技能、动作、方式等,形容词属性指形状、颜色款式等。

第三,在各项目下试用可替代的各种属性加以置换,引出具有独创性的方案。进行这一步的关键是要力求详尽地分析每一特性,提出问题,找到缺陷,再尝试从材料、结构、功能等方面加以改进。对事物的特性分析得越详细越好,并且尽量从各个角度提出问题,这样才能得到众多的启示。

第四,对众多的属性进行整理,将内容重复者归为一类;对相互矛盾的设想统一为一种设想,可以通过提问或自问产生特性联想;按各类别整理,利用项目中列举的性质或把其改为其他性质,以便寻求更好的设想。

第五,设想应针对各种属性进行考虑,并更进一步锤炼,可获得更佳设计方案。对方案进行评价讨论,使产品能够满足人们的需要和目的。

(九)缺点列举法

1.缺点列举法的定义

缺点列举法就是抱着挑毛病的态度,对事物或过程的特性、功能、结构及使用方式等多方面进行"吹毛求疵"地批评。它是在属性特征列举法的基础上发展起来的,是通过找出现有产品的不足,并通过改良达到创新目的的一种方法。所不同的是缺点列举法着眼于从事物本质上的缺点进行分析,以寻求解决目标。即将设计的问题分成若干层次进行分析,在分析问题时专门挑出其中的缺点和不足之处,并提出相应的解决方法。

由于人们思维和生活习惯上的惰性,对于看惯了的东西,除非其缺点非常明显,否则往往就"见怪不怪"了。这种不能主动发掘事物缺陷的习惯,实际是在使个人的创造潜力逐渐丧失。当发现了现有事物设计的缺点,就可以找出改进方案,从而进行发明创造。

综上所述,缺点列举法是通过列举设计问题中的主要缺点来考虑现在的某一产品的问题的关键的方法。它的理论基础是改进旧事物的缺点,列举旧事物的缺点,即可发现存在的问题,找到解决的目标。由于该法主要围绕旧事物的缺点做文章,所以它一般不触动原事物的本质和整体,属于被动型思维方法。

2.缺点列举法的基本要求

缺点列举法的基本要求主要体现在创新上,具体内容如下。

(1)永不满足的心理

缺点列举法的运用基础就是发现事物的缺点,挑出事物的毛病。由于人有惰性,对于看惯了和用惯了的东西,往往不想去发掘它的缺点,或者认为现有的事物能达到如此水平和完善程度也就差不多了,用不着去"吹毛求疵""鸡蛋里挑骨头",从而便以"将就着""凑合着"的观点去对待身边的事物。既然对现有事物比较满意,也就不可能通过改进去搞创新了。因此,应用缺点列举法时,首先要有某种"不满心理"和"追求完美"的精神,爱挑毛病的人挑出的某个看似不起眼的毛病可能正好蕴藏着进行产品创新的灵感。

(2)确立可创新的缺点

运用缺点列举法收集到的缺点可能五花八门,但并不是所有的缺点都可以用来创新。因此,要善于从列举的缺点中,分析和鉴别出有价值的主要缺点作为创新的目标。分析与鉴别主要缺点一般可以从影响程度和表现方式两方面入手。不同的缺点对事物特性或功能的影响程度不同。分析与鉴别缺点,首先要从产品的功能、性能、质量等影响较大的方面出发,使提出的新设想、新建议或新方案更有实用价值。在缺点的表现方面,既要注意那些表面的缺点,更要注意那些内在的缺点。在某些情况下,发现内在缺点比发现表面缺点更有创新价值。

（3）提出改进方案

在明确需要克服的缺点之后，就要有的放矢地进行创造性思考，并通过改进设计获得较完善的方案，进而创造出更合理的事物。虽然缺点列举法是通过挑毛病、找问题对原有产品进行改进，但并不是所有的缺点都要求克服，有时逆向思维，缺点反用也一样可以创新。因为事物的缺点本身就具有双重性，一方面可以引导人们去克服缺点去创新，另一方面也可以引导人们去寻求化弊为利的方法而最终实现创新。

3.缺点列举法的基本步骤

缺点列举法的基本步骤如下：①确定某一创新对象，即对什么进行改进；②尽量列举该事物的缺点，需要时可事先进行广泛调查研究，征集意见；③将缺点加以归类整理；④针对所列缺点逐条分析，研究其改进方案或能否缺点逆用、化弊为利。

综上所述，缺点列举法的实施首先决定设计的主题；接着将问题分为若干个层次，具体地找出每个层次中的缺点，加以编号，并书写在纸上；分析所有缺点并进行排队，列举出主要缺点；结合头脑风暴等方法针对主要缺点提出改进措施。

（十）希望点列举法

1.希望点列举法的定义

希望点列举法可以按照人的意愿提出各种新设想，可以不受现有设计的束缚，是一种更为积极、主动的创造型技法。具体而言，希望点列举法是通过提出对该产品的希望和理想进行勾勒，进而探求解决新的设计问题和改善设计对策的分析技法。

这种分析方法的目的不仅仅是囿于缺点的反面，而且往往可引出新的创造性的设想。

缺点列举法与希望点列举法相比，缺点列举法围绕现有物品找缺点，提出改进设想，这种设想不会离开物品的原型，故为被动型创造技法。而希望点列举法是从发明者的意愿提出的各种新设想，它可以不受原有物品的束缚，所以是一种主动型的创新技法。希望点列举法是针对希望点来实施智力激励法的。其程序与要求基本上与缺点列举法相同，只是希望列举法的实施一般要求设计者充分了解人们的需求、紧扣要点，并把真正的希望表现出来。

2.希望点列举法的基本要求

希望点列举法的基本要求主要有以下3个方面：

(1)了解人们的需求心理

希望是人们内心需求的一种反映。要收集、列举希望点，首先就必须对人们的需求心理有一个清楚的认识。它需要从不同的需求和心理层次出发，以便可以发现和列举出人们对于事物的各种希望，从而找到创新的点子。在分析需求心理的时候，应该兼顾社会的不同经济层次、年龄、文化、种族，群体的需求，有时也需要特别注意把目光投向特殊群体（如伤残人、孤寡老人等）。

(2)列举要点

列举、收集希望点，需要多观察、多联想，必须紧扣人们的需求。例如，用户和经销商对产品的使用性能非常了解，他们的意见往往能切中要害，为创新方案提供好点子。可以事先设计好调查表或调查问卷，随产品分发给顾客，必要时也可以采取奖励的手段来鼓励用户提意见。目前，这一方法已被家电厂家采纳。

(3)鉴别不同类型的希望

表面希望与内心希望的鉴别。对于任何事物，人们都有表面希望与内心希望。在分析希望点的情报资料时，若仅以表面希望来构思课题或方案，容易造成失误。因此，必须谨慎地进行鉴别，以列举出人们心中真正的希望。

现实希望与潜在希望的鉴别。在列举的希望中，从时间上看，有现实希望与潜在希望之分，二者分别对应现实需求与潜在需求。

一般希望与特殊希望的鉴别。一般希望是大多数人的希望，特殊希望是少数人的希望。列举希望点搞创新时，应着重考虑一般希望，由此形成的创新成果更容易得到社会的广泛认可和接受。

3.希望点列举法的基本步骤

希望点列举法的基本步骤如下。

(1)选择对象

希望列举法的对象不只局限于某种产品，还可以是经营活动、生产过程、工艺流程等。

(2)对所选对象从多角度提出希望点

这些希望点无非有两个方面：一是该事物本身存在不足，希望得到改进和

解决;二是人们对该事物的需要、愿望不断上升,要求更为"苛刻"。

(3)评价提出的每一个希望点

看看哪些缺乏可能性,哪些具有抽象的可能性,哪些具有现实的可能性。最后,把既具有现实可能性又较有价值的希望点作为创新的出发点。

(4)对可行性的希望点进行实施

将其表述为具体目标,并从多角度、多方面来满足希望点,以实现设定的目标。

第四章　包装设计中的艺术基础

第一节　包装与视觉传达艺术设计

包装是商品价值实现的一种手段,是美化商品的最为直接的装饰语言。现代包装设计传达信息是一种通用的世界语,它被语言各异的民族所接受与理解。包装通过形、色构成为一种信息符号或表情符号,使人在视觉基础上产生触觉、声音、味觉感,进而升华为由商品创造传递给消费者的审美情趣❶。

一、视觉传达的概念、作用、范围及发展

(一)视觉传达的概念与作用

视觉传达设计艺术是一种通过人的视觉感受而将客观内容纳入主观心灵并予以对象化呈现的艺术形态。包装设计艺术离不开创造者和欣赏者两个方面,而这些方面都会通过一定的视觉传达给大脑,从而达到审美的愉悦。视觉传达艺术是建立在思维科学体系基础之上的综合思维形式,随着历史的变迁,人类思维的能力、结构、特点及内在的规律逐渐发生了变化。

今天,视觉传达的作用正随着经济全球化以不同的形式渗入我们生活的各个方面,它也将影响世界历史的进程。在合作与交流的时代背景下,视觉传达设计比以往任何一个历史时期都更能显示出其意义和存在的价值。"地球村"的居民,在传达、交流、协作、共进的活动中,或许会有碍于彼此语言上的阻隔,但是,通过视觉上的发现、观察和认识,借着对图形语言的某种共识,同样能在众多领域里实现沟通。相对靠语言进行抽象概念的传达而言,视觉传达凭借视觉性符号进行传达,其本质是感性的和形象的,它可以使信息和情感的

❶张银.视觉传达设计的创新设计理念[J].艺术品鉴,2021(36):44-46.

传达跨越地域、民族、语言文化等差异,也能获得一种心领神会的理解。设计师犹如一位文化使者,创造着国与国、民族与民族、人与人之间联系与沟通的纽带。对他们而言,"为传达而设计"的信念高于一切,以"人"为本的设计是其根本宗旨。

(二)视觉传达设计的范围及发展

视觉传达设计,这一术语流行于1960年在日本东京举行的世界设计大会上,其内容包括报刊、招贴海报及其他印刷宣传物的设计,还有电影、电视、电子广告牌等传播媒体,它们把有关内容传达给眼睛,从而进行造型的表现性设计,统称为视觉传达设计,简而言之,视觉传达设计是"给人看的设计,告知的设计"。

从视觉传达设计的发展进程来看,在很大程度上,它是兴起于19世纪中叶欧美的印刷美术设计(graphic design,又译为"平面设计""图形设计"等)的扩展与延伸。随着科技的日新月异,以电波和网络为媒体的各种技术飞速发展,给人们带来了革命性的视觉体验,而且在当今瞬息万变的信息社会中,这些传媒的影响越来越重要。设计表现的内容已无法涵盖一些新的信息传达媒体,因此,视觉传达设计便应运而生。

视觉传达设计是通过视觉媒介表现并传达给观众的设计,体现着设计的时代特征和丰富的内涵,其领域随着科技的进步、新能源的出现和产品材料的开发应用而不断扩大,并与其他领域相互交叉,逐渐形成了一个与其他视觉媒介关联并相互协作的设计新领域。其内容包括印刷设计、包装设计、展示设计、影像设计、视觉环境设计(公共生活空间的标志及公共环境的色彩设计)等。

视觉传达设计多是以印刷物为媒介的平面设计,又称装潢设计。从发展的角度来看,视觉传达设计是科学、严谨的概念名称,蕴含着未来设计的趋向。就现阶段的设计状况分析,其视觉传达设计的主要内容依然是印刷美术设计,一般专业人士习惯称为"平面设计"。"视觉传达设计""平面设计"两者所包含的设计范畴在现阶段并无大的差异,也就并不存在着矛盾与对立。

二、视觉传达艺术设计的特点

(一)包容性的艺术形态

艺术的主要表现能力,通过各种不同的思维组合形式来自动表现,并能够突出时代的意识及思维。在媒介与信息传递的过程中,可以自动完成意识与设计思维的相互交流。这种当代艺术既必须具有极大的艺术唯一性,又必须同时具备极大的社会包容性和意义。例如,一幅山水画由于著名画家自己的绘画思维和艺术创作,使这位画家的山水画本身也就具有了艺术唯一性,而这幅山水画作品中的各种人物、花草树木、各种岩石山峰和各个河谷均被包含在其中,使这件绘画艺术作品本身也就具有很强的艺术文化性和包容性。艺术视觉的信息传达对艺术设计阶段非常关键,既要充分地真实体现出是艺术作品的独特性,又必须要充分地具体表现出是艺术作品对艺术设计的一种包容性。

(二)多元化的表现方式

随着时代的推移,艺术设计在其理念和设计方式上都出现了巨大的变化,并且呈现出一种多元化和快速发展的趋势。从二维设计发展到三维设计创作,艺术设计很好地渗透到人民群众的实践和生活中。人们对于视觉鉴赏的重要性直接影响着其认识水平。为了能够让广大人民群众更好地去欣赏这些由艺术设计而成的作品,设计商家往往都是采取一种创新性的设计理念和方向去吸引广大消费者的注意力和视觉。

三、视觉传达与平面设计

平面作为一种几何形态,我们几乎每天都能接触与感受到平面设计带来的视觉享受。但是,平面设计作为现代设计中不可缺少的组成部分,却非人所共知。平面设计就视觉表现在传达上是到处可见的,如果我们足不出户,也同样置身于"平面"的空间之中。我们面对的是一个由设计师创造的,通过视觉产生美好的"制作的世界"。我们在超市里购物,从货架上取下一袋食品,当我们在相邻的两种同类商品中做出选择时,也许可以意识到包装所起到的吸引作用。

在这种人造环境中,"当代文化正在变成一种视觉文化",平面设计依然是视觉传达的重要组成部分,它制造了另一种让我们赖以生存的"贴身"环境,充分体现了其商业和文化的多重价值。它从各个层面、各个角度,以各种手法吸引着大众的视线,艺术化地将资讯传达给观者,并力求以艺术化的个性表现和强烈的视觉冲击力,赢得大众的视觉及心理的认同感。从视觉传达的功能角度来看,平面设计中各种充满语义的符号、色彩、图形、文字,都在施加影响,"劝说"人们努力改变思维的定式和惯常的生活方式,积极地接纳新生事物和新观念,最终达成一种持久的可信度,而人们的生活也在连续不断地感受与体察中潜移默化地变化着。

总之,平面设计正以超越民族、文化、地域的视觉形式,在人类的精神文化领域散发着其独特的魅力和影响,同时对社会、经济的发展也起到了不可估量的作用。

人类的现实生活离不开视觉传达,离不开平面设计,更离不开包装设计,正如离不开空气和水一样。

四、平面设计的概念

最早使用"平面设计"这一术语的是美国人德维金斯(William Addison Wiggins),真正使"平面设计"这一术语成为国际设计界通用的术语,应该是第二次世界大战之后的事,特别是在20世纪70年代以后。

(一)"图"之解

"graphic"一词在《新英汉词典》中的解释共分两类:一是作为形容词,意为"图形的、图示的、印刷的、朽写的、绘画的、雕刻的";二是作为名词,意为"说明性图画或图表"。而在大多数相关的专业书籍中,通常认为"graphic"一词是指版画和印刷术,或指通过复制手段,如印刷等大量传播的图形或图像。因此,"graphic"常被译为"图形"或"印刷的艺术"。

图形一词涵盖的内容非常广,还在不断地更新。广义的图形设计就是视觉传达的平面设计,涉及告、招贴、字体、商标、标志、版面、包装、书籍、唱片封套、插图、产品说明书以及目录和图表等。关键的一点是都与图形、印刷有关。因此,"graphic design"通常译为"平面设计"或"印刷设计",也有人译作"视觉传达设计"。

(二)"平面"之解

平面设计是经由印刷过程而制作设计的图案、字体、插图及摄影的表现方式来表达作品的内容与意念,是商业设计的主要范围。通过视觉传达为大众留下深刻的印象,主要表现在包装、报纸、杂志、月历、DM、海报等上,迅速而正确地把广告意念传达给消费者,以达到销售的目的。

平面设计是把平面上的几个基本元素,包括图形、字体、文字、插图、色彩、标志等以符合传达目的的方式组合起来,使之成为批量生产的印刷品,具有准确的视觉传达能力,同时使观众达到了视觉心理的满足。

概括地说,平面设计是一种以视觉媒介为载体,由印刷制作而完成的向大众传播信息和情感的造型性活动。平面设计是通过大众传播的视觉媒介展开传达性质的造型活动,优秀的平面设计师,必须要有正确而明朗的传达观念以及完善的视觉环境,从而提高生活美感的抱负与责任。因此,它必须具备有效的传达功能,以优异的设计技法与创新的艺术表现手段相一致。只有这样,平面设计才能作为日常生活不可缺少的资讯来源,其设计的色彩、造型所呈现的美好形式和内在精神,才能真正丰富我们的视觉文化。

第二节　包装设计中的图形设计

一、包装图形的内涵

(一)图形的特征

1.直接明确

图形具有直观、明确、具体等特征,所以在传播信息中占有有力的优势。例如,在图形运用中,采用和平鸽的图形,就会想起战争与和平的主题,这就是图形的直接明确特征。

图形在企业品牌的创立中起到了至关重要的作用,同时也使企业效益不断提高、企业规模不断地扩大。一个企业从创立到发展,应该建立一套符合自身发展的设计理念和企业的精神文化,图形则是企业设计理念和企业精神的一个浓缩,经过不断地宣传与开发,企业品牌会得到广泛的认可。

2.易识别和记忆

人类总是依赖观察物象来理解事物,从感性到理性,由表及里,由外而内。图形以它独特的优势提供给人们最直观的形象,因此人们可以从观察图形到引起联想,然后深入认识事物的本质,这样既易于理解又方便记忆。由此可见,图形补充了文字在沟通交流上的不足和缺憾,如果与文字相配合更能起到说明问题的作用。

3.超越语言障碍

语言文字具有民族性、地域性,各民族都有自己独特的语言,这也给不同国家或民族之间的交流带来了困难,而图形打破了这种局限性,它可以超越国家、民族间的语言障碍并将自己的意图用图形表达和交流传播。当然,图形也具有一定的民族性,如中国的寿桃象征长寿,牡丹象征富贵;西方的十字架象征拯救也象征死亡,炮弹象征战争等,其都有着更为深邃的思想和丰富的意义和内涵,但是因为构成图形的视觉元素大都源于人类的生活或生存环境,它们大多是相同的或相似的,人种和地域的区别带有普遍性,所以是能够沟通和理解的。

现代社会是信息化的社会,人们的思想感情和观念完全可以转化为图形进行交流,而且图形是现代信息传播中的特殊文化现象,是一种国际化的视觉语言,是具有说明性的图画形象,其特性不同于摄影、绘画和插图❶。

(二)图形的组织形式

1.异构与共生

(1)异构图形

异构图形是在较为规律、秩序化的图形中,于某一部分加入其他元素,使画面不再规律或者秩序化的图形形象的一种表现方法。当然,对某一处进行异构时,要保证画面的大小、位置、色彩、方向等不发生根本性的变化。

(2)共生图形

共生是指形与形的共存与转化,形体间互相融入对方的形象,形成两形或多形共存的有机整体。有轮廓线共生、正负反转共生、局部形象共生、整体形象共生等几种类型。

轮廓线共生就是不同的形象采用共同的轮廓线,造成一种相互依赖又模棱两可的空间关系。轮廓线并不是普通的线,它是一条富于智慧和创造力的线,包含着作者对事物的认识。我们所看到的这些作品中的每一条线都有双重的形,其包含着双重的意义和辩证的逻辑关系。

正负反转共生也就是常说的图底关系,如"鲁宾之杯"是两个人脸与一只杯子的形象。

局部形象共生是设计者采用一样的图形或者具有局部类似图形进行循环组合,从而构成局部形象共生图形。例如,敦煌壁画《玉兔飞天》的藻井图案——三只兔子的三只耳朵相互借用,简化了图形组合要素。

整体形象共生是指在组合方式上共用一个整体的组合方式。

---

❶马旭.图形创意在视觉传达设计中的运用策略[J].大观,2022(2):3-5.

2.同构与矛盾

(1)同构图形

同构图形有换置同构和异影同构,两种换置图形是指将找出物形之间在某一特定意义上的内在联系,通过物形与物形之间在形状上的相近性,并按照一定的需要,进行某种特殊的组合和表现。

异影同构就是光线投射物体之后形成影像的一种构图手法,由于投射载体的变化,有时会产生与原物体截然不同的影像,而且运用这样的手段就能创作出影画图形,在视觉上的吸引力也会十分强烈。

在现代视觉设计领域中,设计师对于影子的运用已经脱离了写实的表现与运用,并强调创意的多样性。有时,简洁的影画图形和形影的反差容易吸引视觉的注意。

(2)矛盾图形

矛盾空间的图形就是将文艺复兴以来的透视学搁到一边,不再是人们正常视觉经验的反应,而是把在三维空间不能成立的事物在二维平面中表现出来。

3.解构与互混

(1)解构

所谓解构就是设计师对完整形体的某个部分进行破坏,再重新建立一种秩序,从而产生新的意义的一种方法。

解构重组体现的是一种思维观念与方式的转变,是一种超越性的思维方式。例如,法国达达主义画家马塞尔·杜尚在达·芬奇的"蒙娜丽莎"上画了山羊胡子等,这都为我们展现了物象解构重组所带来的惊人的创造力和艺术效果。

解构是将完整的视觉形象有意地分割、打散和破坏,并按照一定的设计意图重新排列组合的构成方式。解构的目的在于重组,在于表达新的意义,以新的秩序、新的方法、新的组合使原有的形式或形态发生变化,从而形成新的视觉效果。

(2)互混

互混图形其实就是把"形"与"形"之间的共性或者相似性进行混合的一种构图方法,当然也可以对两种完全相异的图形进行混合,或者是两种图形进行互补构成图形,甚至可以把生活中不存在的事物进行互混。

4.打结与断置

（1）打结

所谓"打结图形"是指图形呈现绳结状态，但是又保留原有物体的本质特征。打结图形在具体的表现上，可以在三维立体与二维平面之间转换，换言之，打结图形构形方法可以超越材料、空间的限制，即可通过任何手段来表现。

例如，钢制的枪管、石垒的烟囱，以及虚无缥缈的青烟、缠绕不清的支架等都可以进行打结处理，从而体现出构图的创意。

（2）断置

所谓断置图形就是对图形进行分离，而产生的新图形。既有原来图形的特征，又具有新图形的形态。构形时，要使断开的物形在某种程度上具有一种意义上的完整性。

设计师的创意就是使这些分离部分产生内在联系，以保持所要表现的物形的完整性，达到形与形之间的相互协调。

5.弯曲与荒谬

（1）弯曲

所谓的弯曲图形，是外力的施加造成的物体的弯曲造成的，这样的图形确实能产生难以想象的奇异神趣。其采用的物体还是不可能弯曲的物体，这样的运用有利于视觉传达效果的传递。

（2）荒谬

所谓荒谬图形其实就是一种有逆于常理的组合图形，通常也叫"无理图形"，所以给人以荒谬感。荒谬图形作为一种新的构形方法，最初并不是在视觉传达领域出现的，而是在20世纪20年代崛起的超现实主义画派中开始应用的，旨在打破真实与虚幻、主观与客观世界之间的物理障碍和心理障碍。

荒谬图形是设计师将日常生活中一些荒诞离奇的事物进行加工夸张，甚至把一些稀奇古怪的想法平面化的一种表现手法。也是一种大胆地在现有的基本图形上进行变异、转换概念、偷梁换柱、断章取义，或将两个毫无关联的形体进行叠加、组合的手法。

6.仿质与残缺

（1）仿质

仿质图形就是将另一种物质的特征或状态嫁接于另一种之上，导致出现逻辑上的张冠李戴，从而"一语双关"地表现出创意主题。

当今设计，只要画面上有传达信息的需要，任何物质都可以变成图形变异的媒介。

（2）残缺

残缺图形是对熟悉的完整物象进行有意的破坏，或是对本身残缺物象的一种重新解读。图形设计中运用残缺的设计手法，利用破坏的残像，通过联想和想象赋予其新的形象和意义。

7.剪影与透叠

（1）剪影

影是物体的轮廓，利用光源投射的不同角度或物体本身怪异的形状所折射的阴影，会有许多意想不到的图形。我们可以利用独特的思维来打开充分而自由的想象空间，创造出一些令人回味无穷的画面。

（2）透叠

透叠中的透，即透明、穿透之意。只有互相重叠，才能显现其透明的概念。两种物形在重叠之后所产生的另一种新的视觉效果，同样具有视觉上的另类感。

现代设计空间的广阔性也同样给我们提供了不断寻找新的视觉领域的观摩方法。由于物体重叠后而难以辨别前后关系，故从另一角度让我们发现了物体相透叠后的共性以及所产生的奇异视觉效果，它的虚幻感和可疑性越强，在视觉上的吸引力便越生动。

二、包装图形的具体方法运用

（一）包装图形的表现技法运用

1.具象图形运用

具象图形多采用摄影、绘画、卡通等手法来表现，让人一看就知道它的诉求，容易使人产生联想，从而更有效地反映内容物。

2.装饰图形运用

装饰图形运用分为针对产品进行创作的装饰图形以及针对传统和民族图案的装饰图形，显得简练，能烘托和渲染包装设计的主题。

3.抽象图形运用

通过点、线、面等构成手法来完成图形。利用抽象图形设计的包装常会使人产生一种简单、理性的次序感，视觉冲击力较强。

(二)包装图形的修辞手法运用

1.比喻与象征运用

(1)比喻

比喻是借他物比此物,比喻的对象必须是大多数人所共同了解的具体事物、具体形象来描绘人们较陌生的事物,以此说明比较深奥的道理。这就要求设计师具有比较丰富的生活知识和文化修养。比喻可以分为明喻、暗喻和借喻三种形式。

明喻是本体和喻体共同出现在同一图形画面,它用一种比较直接的表现方法使主题明确突出。此类题材多采用较为具象的图形来展现主题,也可以用对比的方法把反差很大的两个及两个以上形象穿插配置在一起,使主体创意在反衬对比中脱颖而出。

暗喻是用间接表现的表现手法,即不直接表现对象本身或不只是画面本身的含义,暗喻借助于画面形象和其他有关事物来说明本意,以达到欲言又止、回味无穷的效果。

借喻是比喻的一种,直接借比喻的事物来代替被比喻的事物,本体不出现,只出现喻体,如响鼓还要重槌敲(比喻努力出成绩);众人拾柴火焰高(比喻团结力量大)。

(2)象征

象征是通过容易引起联想的形象来表现与之相似或相近的概念、思想和感情的艺术手法。

2.移情与通感运用

(1)移情

中国古诗是最注重移情,诗人以物咏志抒情,抒发了自己的情感和思想,使人体会到了含蓄之美。寄情于物就是移情,也就是把自己的感情寄托于艺术对象之中,达到物我同一的境界,产生人和物的共鸣。

阿恩海姆把移情分为四种:①视觉移情,给普通对象的形式以生命,如线转化为性格;②经验或自然移情,如风在低吟;③氛围移情,如色彩产生情境和表现力;④生物的感性表现的移情,如人的表情、外貌的意蕴。移情作用侧重于主体心理的功能和体验,离开了人的主观感觉,就不存在美。

(2)通感

通感又叫"联觉",是人的各种感觉的彼此沟通。图形设计中的通感表现就是把听觉、嗅觉、味觉、触觉等各种感受转化为视觉的过程,往往需要调动各种形态、色彩等视觉元素的心理感受,在图形中选择的形象或者符号必须具有普遍认为的通性,因此,受众群体的定位是极其重要的。

3.借代与拟人运用

(1)借代

借代是不直接把所要说的事物名称说出来,而用跟它有关系的另一种事物的名称或用局部特征来称呼它。图形中借代的作用主要是起到以一代百、简化画面的作用。在图形涉及某些复杂的事物时,由于画面的局限性,所以一般只能描绘一个具有代表性的形象来指代所有的整体事物,因此,借代在视觉设计中的使用要比文字描述中的使用要更具有普遍性。

(2)拟人

拟人就是将一些动物、植物等非人类的物象赋予人类思想、情感,或用人类的语言和行为来诠释隐含的现象。拟人不仅是在外形上的模拟,更多的是从内在精神和情趣上的接近。因为人类多是通过表情传达心声,所以形象心理的描写十分关键,它能表现出可爱感、亲切感、幽默感、愉悦感。

4.强调与夸张运用

(1)强调

强调是对某对象特征的一种夸张、突出的表现,使原有的形象特征显得更加鲜明生动,从而增加艺术魅力。例如,牡丹的夸张变化要突出花瓣的繁多、饱满、富丽的特色,使形象更具有生命力,给人以更丰富的美感。

(2)夸张

夸张可分为扩大夸张、缩小夸张和对比夸张三种。

扩大夸张就是故意把客观事物说得"大、多、高、强、深……"的夸张形式。例如,放大的蔬菜比喻农业的繁荣,有意识地将现实景物加以改变、拉长或压扁,夸张地突出蔬菜苗壮,目的是强调农场的特征,从而显示特殊的视觉效果,增加所要描绘的主题的力量,使主题更加突出。

缩小夸张就是把客观事物说得"小、少、低、弱……"的夸张形式。

对比夸张就是在同一幅图形中采用两种或多种方法结合使用,其产生的效果更加明显,形成了特有的趣味。

5.移用与寓意运用

(1)移用

写作过程中,为了补充自己的论点或者说明该观点是自己欣赏的,往往都会引用别人的格言、诗句、语录等,这就是移用。而在图形设计中,移用应是对大众所熟知的事物或形象、作品加以利用的方法,在图形设计当中常常被称为"再设计"。

(2)寓意

寓意是寄托或隐含的意思,使深奥的道理从简单的故事中体现出来,具有鲜明的哲理性和讽刺性,和比喻的意思相似。

6.对比与直诉运用

(1)对比

对比可以分为形的对比、感觉的对比和色彩的对比三种。

形的对比是指视觉上的某种差异或者能够引起人们注意,这种对比可以是大的差异,也可以是微小的差异。

感觉的对比是心理和视觉情绪上的双重反映,如我们说的动静对比、轻重对比、刚柔对比等。

图形设计中色彩的对比,可以是强烈的,也可以是微妙的,但无论是哪一种色彩对比,一幅好的图形设计往往正是对色彩关系的成功把握。设计师既要把握好各色块的对比关系,又要控制整幅作品的色彩基调及诸多视觉与心理的有机组合。处理好色彩的对比关系,对提高图形设计的画面效果尤为重要。

(2)直诉

并非任何语句都有修辞的存在,当然,直诉也是一种修辞,就是对事物进行直接表达的一种方法。

直诉型图形除了最常用的摄影外,所有的绘画方法也可参与其中。

第三节　包装设计中的文字设计

一、包装文字的内涵

（一）文字的种类

1.汉字

（1）汉字的形成

汉字有极其悠久的历史，从历史上看，经历了甲骨文（商）、金文（周）、小篆（秦）、隶书（汉）、草书、楷书（魏晋）、行书等发展过程。

通常把甲骨文、石鼓文、金文（铸在青铜器上的铭文）统称为"大篆"。大篆的字形特点是，以线条来勾画出图形，并逐步脱离最初图画的原型，给予统一规范的整体结构布局，从此奠定了汉字的基础。

小篆也称为"秦篆"，秦统一全国后，废止了与秦文字不相同的文字，经过李斯等人对秦文字的收集、整理和简化而成，是一次规范化的字体。小篆相较大篆更简单、平直，重写意而轻形象，笔画匀称粗细一致，婉转圆润，转折处呈弧形，更加具有文字的特性。

隶书由篆书简化而来，因为小篆用笔书写起来是很不方便的，为了使书写能够简洁速成，把篆书圆匀弯曲的笔画变成方直的笔画，形体上向两边撑开。

汉末魏初（公元3世纪），出现了真书，也叫楷书。这种字体改变了隶书的笔势并加以简化，形体方正，笔画平直，便于书写，自创始到现在，几千年来一直通行全国，已成为主要的应用字体。

行书起于汉末，繁荣于晋代。书写得快了像人走路连续不停，就成了行书。它的特点是介于楷书、草书之间，近于楷书而不拘束，近于草书而不放纵，笔画连绵，各字独立，书写快捷，又有益于辨认，是最实用的字体❶。

草书是由秦末汉初带有比较浓厚的隶书味道的章草发展而来。在字体设计中，应充分领悟这些精华，并运用这些书体的视觉元素，设计出具有浓厚民族气息和符合设计要求的字体，通过其独特的魅力，引起观者的视觉兴趣，在接受信息的同时也能得到审美愿望的满足。但在设计时，一定要注意保持各

❶周月麟.文字设计在纸包装设计中的运用[J].中国造纸，2022，41（3）：9.

种汉字书法字体的基本特征。

（2）印刷字体

印刷字体有楷体、宋体和黑体三种。

楷体的标签就是工整、方正、秀丽，对汉字的结构确定发挥了重要作用，也使以前的字体得以简化。

宋体是16世纪以来直到今天还非常流行的主要印刷字体，也叫铅字体，阅读起来清新悦目，因此被广泛地使用。

黑体的起源有两种观点：一是认为黑体字是受到西方无衬线体的影响而产生的；二是认为黑体字是由日本传入的。

2.拉丁文字

（1）拉丁字母的形成

拉丁字母经过腓尼基字母产生和希腊字母的发展，最终罗马字母继承了希腊字母的一个变种，并将其发展为今天的拉丁字母。

腓尼基字母是约于公元前15世纪，地中海东岸的腓尼基人借助象形文字创造的历史上第一批字母文字，由22个辅音字母组成，是人类历史上最早的纯音素文字体系之一。腓尼基文字以线性的、简单的、便于记忆和书写的形状为主，自右向左横向写，腓尼基文字是希伯来文、希腊文及拉丁文等所有字母文字的公认始祖，也是印刷体中"罗马体"和"意大利体"的祖先。

（2）拉丁手写体

拉丁手写体有安塞尔体、哥特字体和草书体三种。

（3）拉丁印刷体

15世纪中叶，一个名叫古登堡的德国银匠发明了一种活字印刷方法，并在1455年印刷了第一批拉丁文的《圣经》。

1725年，字体设计师威廉·卡斯隆设计了一种富有17世纪荷兰风格的字形，其显著特征有：大写字母"C"的两个长衬线，"W"突出的顶部，"V"和"W"斜体小写时的浪形弯。

到了古典主义时期，出现了迪多字体、波多尼体、现代罗马体等具有代表性的拉丁印刷体。

到了18世纪中叶，随着英国工业革命的发展，印刷技术也随之进步，字体设计也快速突破旧型风格，出版商巴斯克维尔改进了印刷技术和纸张，并将卡斯隆字体进一步改良，使小写字形细致化、几何化，完全比照大写字形的锐利。这种字体的轴线近乎垂直，由水平和垂直的几何化结构组成，横竖画的粗细比率也相当大,而衬线变得更细,整体看来其字形较宽、重,阅读动线极佳。

到了现代,爱德华·强斯顿在1916年为伦敦地下铁导视系统设计无衬线体,也叫"地铁体"。

埃里克·吉尔被誉为"20世纪字体设计复兴之父",他对强斯顿地铁体做了进一步修改,后来为伦敦地铁体所采用。吉尔无衬线体的比例更均衡,字母"R"和"g"的形式独特。

(二)字体的绘写

1.汉字的绘写要求

汉字是方块字,其书写的理想效果主要做到:结构严谨、字形匀称、笔画精当。

(1)结构严谨

结构严谨可以从以下几个方面入手:

第一,中线为准,左右平衡:汉字有许多是大致对称的,如山、十、木、四等,这些字要做到左右对称比较容易。其余相对较难的字也以中线为准,把字等分为左右两边,在感觉上要大体相等。

第二,上紧下松,上小下大:字体的结构往往需要进行适当的微调,其中,"上紧下松,上小下大"就是一条重要的处理原则。当然,这样的处理原则不是一成不变的,运用时还需要有一定的限度。

第三,有争有让,适当穿插:"争"和"让"其实说的是字的结构上所占的位置,是字在笔画上的多与少的问题。

还有一种情况,字的形状相同时,一般需要以左让右,这是人的视觉心理要求所决定的。

(2)字形匀称

字形匀称是指字与字之间看起来大小均匀相称。如果以"方框"作为标准来衡量各种汉字的外廓,就可以将汉字分为以下几种:

第一种,四边全满,四边都有贯通到底的笔画与外框平行,如回、囚、圈、固。

第二种,两满两虚,如巫(上下满)、门(左右满)、司(上右满)、匕(左下满)。

第三种,三满一虚,如凶、同、幽、臣。

第四种,四边全虚,如缺、走、赤、人。

第五种,一满三虚,如又(上满)、立(下满)、则(右满)、际(左满)。

对于这五种外廓不同的汉字,可以总结为"满收虚放",从而达到方块字在形体上匀称、美观的效果。

(3)笔画精当

要做到笔画精当,就要处理好笔形、粗细、位置、长短。

笔形:所谓笔形指的是笔画的形状,在设计字体时尤为主要,因为宋体、黑体的基本笔形都具有自己的特点。

粗细:笔画的粗细虽然大体上差不多,但实际上是有变化的。以黑体字为例,有以下原则。

第一,竖粗横细。为了避免字体笔画之间的拥挤,要采用竖笔画粗,横笔画细的原则。

第二,疏粗密细。在笔画少,全字显得疏松的情况下,笔画可以略为增粗一些;在笔画多,全字显得紧密时,笔画可以略为减细一些。这样,在视觉上才能感到舒适。

第三,主粗副细。主即主笔画,副即副笔画。这样的处理原则是因为主笔画是大框架需要粗一些,细笔画往往在局部,就需要细一些。

虽然说笔画的粗细是可以调整的,但调整又是有一定限度的,要根据不同情况灵活掌握,以在视觉上是否舒适为准。

位置:所谓笔画的位置,其实也是根据字的结构进行调整的。

长短:笔画的长短要做到"有序""有度"。

2.拉丁字母的绘写要求

拉丁字母的绘写可以在比例、黑白区口、笔势、字感等方面进行要求,也是根据字体的结构和绘写的规律来总结的。

二、包装文字的具体方法运用

(一)字体的连接方法运用

字体连接的常见方法有:笔画连接、笔画共用、线条贯穿、底图连接、边框连接等,能够产生均衡、连贯、统一、韵律的美感。

(二)字体的变形方法运用

1.字体的裁剪

剪裁是将笔画的一部分或是文字的部分裁剪掉,有意地形成空缺、不完整的视觉效果,但是,要保证文字的整体性和识别性。

2.字体的替代

字体的替代就是将文字中醒目的一笔或几笔,用其他与文字相关的图形来替代的一种方法。

3.字体的扭曲变形

扭曲变形是指把文字的整体或是局部进行类似于挤压或是拉扯的表现手法,从而形成视觉上的紧张感。

4.字体的重叠

重叠是将文字重合在一起,增加文字的透明度,使文字若隐若现,形成你中有我,我中有你的形式变化。

5.字体的倾斜与翻转

倾斜或翻转的这种方法就是将文字或是字母变换角度,或是呈角度倾斜,或是进行180°的翻转,换个角度的字体表现,增添了文字的趣味性。

(三)字体的立体表现方法运用

1.阴影效果

阴影效果是最普通的立体表现方法,任何物体存在于一定空间中都会形成阴影。通过对文字阴影的描绘,可以发现文字的阴影比文字本身的形态更具有视觉冲击力。

2.浮雕效果

半立体的浮雕效果更能使人产生想要触摸的那种凹凸不平的表面的欲望。

3.透视效果

字体设计的透视关系包括:色彩透视、消逝透视和线性透视。在字体的透视表现上,要特别注意角度的设计,因为根据不同的角度,会产生不同的透视关系。

(四)字体的重构方法运用

重构是在打破原有的结构关系基础上,根据主题的需要或是设计师的意愿重新进行组合,构成新的结构。重构的方法会引起人们探求的好奇心理,从而产生新的联想,使固有的文字形象和意义得到延伸和扩展。

第四节　包装设计中的色彩设计

一、包装色彩的内涵

色彩是色与彩的合称。色是感觉色和知觉色的总和,是被分解的光(如漫射光、反射光和透射光等)由人眼传至大脑时生成的感觉,是光、物、眼、心的综合产物。这里主要论述色彩的种类、配色、色彩识别。

(一)色彩的种类

色彩主要分为两种,即有彩色和无彩色。

有彩色是指红、橙、黄、绿、青、蓝、紫等基本色之间不同量的混合,基本色与无彩色之间不同量的混合所产生的无数种颜色也都属于有彩色类。

无彩色是指黑色、白色以及由黑白两色相融而成的各种深浅不同的灰色。无彩色按照一定的变化规律可排成一个系列,白色渐变到浅中灰、深灰一直到黑色,色度学上称此为黑白系列,当某一种色彩分别调入黑、白色时,前者会显得较暗,而后者会显得较亮,如果加入灰色则会降低色彩的纯度。

(二)色彩的属性

1.色相

色相是指色彩不同的相貌。色相中以红,橙,黄,绿,紫色代表着不同特征的色彩相貌。当黄色加入白色之后,显出不同的奶黄、麦芽黄等,但它的黄色性质不变,依然保持黄色的色相。

2.明度

色彩的明度指的是色彩的明暗程度,也称为光度、深浅度。一个色彩加入的白色越多,明度就越高;加入的黑色越多,明度就越低。

3.纯度

纯度又称色彩的彩度,是指有彩色系中的每个色彩的鲜艳程度。

在人的视觉中所能感受到的色彩范围内,绝大部分是非高纯度的色,也就是说,大量都是含灰的色,有了纯度的变化,才使色彩显得极其丰富。

（三）配色

1.配色定位

我们通过对主题信息的分析,并展开联想,设想一下信息传达到目标观众时希望达到的观感、理解和共鸣,然后从这些与主题信息相关的事物中得到配色的线索,从而确定采用的配色,这就是"配色定位"。与主题信息相关的事物,其实就是人们大脑中的想象和联想,而人们大脑中的想象和联想又都源自生活,都是形象而具体的事物,从而能够非常容易地从中获得色彩[1]。

2.配色形式

（1）加色混合

加色混合也称为光的混合,是色光与色光的混合方法。例如,将太阳光中的朱红、翠绿和蓝紫三种色光等量混合后可以得到白光,而且,用这三种色光可以混合出所有的其他无数种色光。混合的色光越多,混出的色明度就越高。

（2）减色混合

色料的直接混合因其加入混合色料的增多,混合出的色明度就会降低,越增加混合颜色就越接近灰色,而被称为减色混合。减色混合主要分颜料混合和叠色混合两种形式。

（3）中性混合

在平日里,我们会看到许多美观的画报、杂志和广告,会为上面绚丽的色彩而感叹,实际上这些色彩丰富的印刷品,也是根据这个原理制作、生产的。印刷油墨的三原色,它们分别由英文字母 Y(yellow 黄)、M(magenta 品红)、C(cyan 青)三色表示,常用的四色印刷,就是在三原色的基础上加上 B(black 黑)形成四色版,经过叠印成为全彩图像。我们从印刷好的纸表面见到的是色点反射光。把印刷品的一部分用放大镜放大,便可看到这当中既有黄品红、青三色,也有这三色叠印后的红、绿、紫、黑等,而我们所看到的是一种在空间上混合后的效果。

（四）色彩的识别

20世纪以来,世界各国的许多生理学家、心理学家都花了大量精力研究光和色对人们的视觉器官——眼和脑的作用以及光和色之间的组织联系与功能。他们的结论是:视觉对色彩中色相、明度、彩度的变化都会产生作用。

物理学家芭芭拉·布伦南(barbara brennan)毕生从事于人体能量色的研究。按照她的报告,每种色彩对应着人体的一种内分泌腺。它们的关系是:红

---

[1]史菁一,庄一兵.色彩与包装设计的关系[J].大观,2021(12):95-96.

色对应肾上腺,橙色对应性腺,黄色对应胰腺,绿色对应胸腺,蓝色对应甲状腺,青色对应脑垂体,紫色、白色对应松果体腺。在设计领域,色彩的识别意义在于人们在读图过程中能够捕捉到形态的特征,就是因为视觉具有判读性,而判读性则归结于色彩的明度、纯度和冷暖。

二、色彩设计的具体方法运用

(一)色彩的整体性运用

包装设计效果的好坏跟色彩的整体性是分不开的,在用色上要尽量做到明快、简洁。因此,色彩整体性的考虑主要从两个方面出发。

第一,应注意远近距离上的视觉效果,以及四个乃至六个面的连续展示效果。

第二,要考虑在商品竞争中,要使自己设计的包装在货架上与其他同类产品相比有较强的对比效果,能独树一帜,具有较强的"商品的货架冲击力"。因为人对色彩的注意力占据人视觉注意力的80%左右。现代人几乎每天都要与各类商品打交道,追求时尚、体验消费已成为一种文化,故在包装设计的色彩运用中应顺应时代潮流,不断变化创新形式,塑造个性。有时还可以反其道而行,使用反常规色彩,让其产品的色彩从同类商品中脱颖而出,这种色彩的处理使观众视觉格外敏感,印象更深刻。一般明亮的暖色、色彩纯度高的色及补色配置令人注目。

(二)色彩的功能性运用

1.形象色

形象色就是一看到色彩能想到该产品的颜色,一般在食品和饮料一类的包装中运用得较多。例如,橘子汁、咖啡、茶、酒等的包装,有较强的直观性,便于选购商品。

2.象征色

色彩的个性与产品及企业的特点能够相通,并借助人们的观念、认识和共同的心理联想所能理解的颜色,运用于包装和企业形象(标志)的设计,这类颜色称为象征色。目前,在国际上流行的某一企业或公司的标准色及标准色系,大都使用象征色。企业的标准色有单色、双色和三色以致更多,单色标准色容易产生明确而强烈的印象,彩度应饱和,如"可口可乐"的标志只用了一套红色。两色标准色个性较强,运用得较好,明视度最佳,如"百事可乐"的标志用了蓝、红二色。三色标准色是最有调和作用的标准色,能满足视觉要求,如"富士胶卷"的标志用红、绿、黑三色,并以红绿为主色调。同一企业(公司)的产品繁多时,需制定一套标准色系,用作系列产品的包装设计。运用企业的标准色和标准色系,可以区别于同类产品,以提高传递产品信息的速度,有时只要见到那几种颜色,便知道是什么商品,这是由于颜色的识别性比图形和文字强,这样可以提高企业的知名度,促进产品的销售。

3. 系列色

系列色能传达不同产品品种的某种共同点。系列化用色应用范围较大,配套产品、同一企业出品、同类不同种类的产品等共性因素,都可以加以系列化色彩处理,在处理上也较为灵活。它可以是同一部位、面积、形状用不同色彩,也可以是同一色彩、同一部位、面积而取不同形状的变化。

(三)色彩的情感性运用

优秀的包装色彩,或给人以清新明快、喜庆热烈之感,或给人以典雅高贵、朴素无华之感,这些就是色彩的情感性表现。其具体可以体现在以下几个方面。

1. 冷与暖

色彩的冷暖感主要取决于色彩的色相,当看到暖色(红、橙、黄)时,人们会联想到太阳与火,然后产生温暖的感觉。其实色彩本身并没有温度,色彩的冷暖感则来源于人们自身经验的联想。

色彩的冷暖感主要由色相决定,但是也与明度、纯度有关,高明度、低纯度色具冷感,低明度、高纯度色具暖感。当然,冷暖也是相对的,绿色和橙色相比是冷色,绿色和蓝色相比就暖了。

2. 华丽与朴素

色彩的华丽感与朴素感与色相、纯度、明度的关系相当大,红、橙、黄、绿等鲜艳而明亮的色具有明快、辉煌、华丽的感觉;蓝、紫等灰暗的冷色有沉着、朴素的感觉。从色彩对比规律来看,强对比色调具华丽感,弱对比色调具朴素感。

3. 轻盈与沉重

例如,家纺产品的包装色彩就运用轻盈、柔和、清新的视觉元素,使消费者在选购家纺产品时,能有身临其境的感觉。大面积重色感觉更重,小面积重色感觉更轻些。

4. 前进与后退

色彩的距离感与明度和色相都有关系。明快鲜艳的暖色、集中色、与底色对比强的图形色显得近;灰暗混浊的冷色、分散色、与底色对比弱的衬底色显得远。

5.兴奋与沉静

色彩的兴奋感与沉静感与明度、纯度、色相都有关,尤以色相的影响最大。暖色使人兴奋,冷色给人沉静感。一旦这些色彩的纯度降低,兴奋感与沉静感就会减少。另外,高明度色,色相对比强的色具有兴奋感,低明度色,色相对比弱的色具有沉静感。

6.运动与安静

强对比色给人以动感,弱对比的冷色给人静感。红、黄、蓝、紫、玫瑰红等具有运动感,灰黑、褐绿、蓝绿、青灰、赭石等具有静感。

7.柔软与坚硬

色彩的软硬感与明度、纯度都有关。明度较高的含灰色给人柔软感,明度较低的高纯度色显得坚硬。明度对比的强弱对色彩的软硬感影响很大,强对比色调硬,弱对比色调软。大型的家用电器需要通过"硬"的色彩配置来体现高级、牢固、稳重、安全的感觉,纺织品、化妆品则需要柔软的色彩感觉。

8.男性与女性

色彩的性别感通过男、女不同的外表、性格、爱好等典型特征给人的总体印象来表现。

男性的肤色较深,性格刚强,因此,男性角色朴素、稳重、硬朗、分明,多金属、泥土味。例如,一般外向型男青年喜欢天蓝、红、黑、白等纯度高、对比度强烈的色彩。

女性肤色亮丽,衣着整洁、艳丽,性格温柔、平和,因此,女性色鲜艳、明亮、柔软、和谐,多脂粉气。淡雅的红、黄、绿色的化妆品包装,则多受女青年的喜爱。

(四)色彩的特异性运用

从信息论的角度讲,包装色彩的应用:一是要迅速传递商品信息,二是要防止市场上的信息干扰。为此,在包装设计中,有时为了"货架冲击力",可运用不合常理的特异手法,以期待成为竞争的优胜者。例如,有人将"乌龙茶"的包装盒改用黑色,打入国际市场后,收到良好效果。这主要是在充满深绿和褐色的茶叶包装中,突然出现一种黑色包装,自然成了视觉中心,从而引起了消费者的好奇心,并得以排除其他信息的干扰。

第五节　包装设计中的整体设计

自然界因有"适者生存"而不断进化的生物体,其自身的整体组合,永远是那么精致完美、无懈可击。同样,如果一件包装设计作品不具备这种基本的组合条件,只是对色彩、形状、线条的随意混合,它不但没有"生命"感,而且也根本无法实现包装传达销售的功能。

在包装设计中遵循形式美的法则和视觉规律,将文稿、图形、色彩这些最基本的视觉构成要素编排组织成一个有机的整体,仅仅具有清晰易辨的视觉效果仍会令人感到美中不足,因为组合不仅是结构形式,还是作用于人的视知觉感受上的一种重构。赋予整个包装设计以更高的格调,因此使人能够在包装商品的美感中,获得愉悦与慰藉,就显得极为必要了[1]。

一、包装整体组合的设计

包装设计中的组合设计是创造美的形式,是关联到视觉构成要素的组合。是催生感情、最终以达到销售为目的。

(一)包装设计的形式法则

自然美给人至为深刻的灵感启示,万物生长及天体运行均有秩序,比例、均衡、对称、节奏、韵律、反复、粗细、疏密、交叉、变化、和谐等形式美的法则特征构成了物体的美感,被认为是一种最自由、最纯粹的美,是为自身而存在的自由之美。

恩格斯说:"自然界的一般形式便是规律,这种规律也是艺术形式美的依据。"人们将自然之美的形式特征归纳为形式美的法则,它包括变化统一、均齐平衡、对比调和、比例尺度和节奏韵律等形式法则。

形式法则意味着无论是自然之物,还是包装设计作品中任何一个存在的模式,都是通过它所能具有的最佳形式显现出来。因此,一幅包装设计作品是对一些具有特定性质的构成要素(图形、文稿、色彩等视觉元素)进行组织之后,使它达到必然和终极的一种形态。事实上,组合设计的实质意义也正体现于此。

---

[1]张雨濛.便携式整体包装设计应用研究[D].长沙:湖南师范大学,2021.

（二）包装组合设计的目的

包装整体设计视觉传达力的强弱，有赖于组合设计水平的高低。包装的整体设计，即以宣传主题的思想内容为依据，将各种包装视觉传达要素进行秩序分明、互为衬托的安排和组织，使其成为完整而明快的信息体，并能将内在结构形式中的意义和情感迅速地传递给消费者。为解决包装设计中的视觉创意、视觉传达视觉导向等问题，组合的作用是必不可少的，它能够使各个零散的部分最终聚合为一个有新意的生命体。

包装整体设计，是以建立有序结构的理想方式为目的，创造出一种奇妙的、难以言传的潜在结构张力吸引并左右消费者的视线。

（三）包装组合设计的构成要素

包装设计的构成要素从策划到设计的全过程，都是以激励消费者产生深刻印象、强烈欲望、购买行动等为宗旨，因此，只有针对包装商品特征、媒体特征和消费者的整体特征进行有效的设计，才能产生预期的效果。其中包装整体设计所肩负的使命是对准确传达、强化形象、加深记忆和推动销售等为其主要作用。为了实现理想的"瞬息间注目"的视觉效果，包装整体设计应达到统一、连贯和重点突出的基本要求。

1.包装构成的准确传达

准确传达是把各种包装设计的表现因素结合起来，并围绕着明确的主题，给人以一目了然的清晰印象。

2.包装构成的形象连贯

形象连贯是利用包装各组成部分在内容上的内在联系和表现形式上的格调融洽，实现视觉上和心理上的连贯，犹如一气呵成。连贯有助于包装视觉形象的强化，当人们注意力自然流畅地经过从图形到文字，从主体到外围的浏览之后，信息的重点和主体的特性可以得到突出且层次分明、和谐悦目的效果。

3.包装构成要素的组合

要素的组合是以突出重点为基础而达到浑然一体的效果。整体设计自始至终都要抓住人们的视线，以"瞬息间注目"为目的，比例适当，主次分明。焦点聚集在最佳视域，让消费者在瞬间产生注目，感受主体形象的视觉穿透力，对商品内涵的信息和意义即刻领悟在心。

4.整体设计的定位

包装设计定位的构思是将创意中设计性的思维加以具体化，为了避免包装产品的视觉传达疲劳而无效，整体设计的创意须以"把准确的信息传达给消费者,给他们一种与众不同的独特印象"为指导思想,在了解宣传主体、宣传对象及竞争对手的情况下展开设计构思。在进行包装组合设计时,可以从以下三个方面为主题展开。

(1)产品定位的组合设计

定位组合设计旨在让消费者明悉产品的特征、性能、用途、品质等情况,因而在编排上突出的是产品的形象或商标的形象,字体设计与产品基调保持一致,在色彩上进行恰当的烘托与渲染。

(2)针对特定消费群或大众的包装设计

先要研究这一群体的典型特点,包括经济收入、文化层次、观念信仰、职业爱好、生活习性等相关的资料,再依据产品和市场特点,择优结合,使整体包装的形式符合这个特定群体的爱好或兴趣,同时也确保了信息传播的对路、有效和顺畅。

(3)突出异质点的宣传

为了让商品在国际市场的同类产品竞争中取得优势,相应的包装组合设计也就力求推陈出新,不拘一格,借以暗示商品的出类拔萃。

(4)在许多构思中如何确定包装的表现角度

可从以下三个方面考虑:①选择优于同类产品的特点、性能等作为表现的主体,如功能独特、历史悠久、质量领先等;②根据市场的调研,选择包装的创意,以构图新颖,具有良好视觉冲击效果的设计;③根据消费者的心理和消费习惯确定表现主体。

以上几点概括地讲述了整体设计若想保持"瞬息间注目"以及信息传达顺畅及时,就应删繁就简,化"晦涩"为"易懂",坚持"以少胜多、主次有序、虚实相生、活泼有致"的美学原则,确保视觉形象的图文传递与色彩传达的协同合作,共创一个完整统一的包装新印象。

二、整体包装设计的视觉流程

也许我们都曾有过类似的体验,在感受一幅包装设计作品,解读其丰富的视觉语义时,我们会发现,它所舒展的意义之脉很可能是繁复交错的,我们无法在极短的注视中获悉全部真实的显现,从而使意义上的读解经历着一种此起彼伏的变化过程,而它那释放信息的形式,甚至让人有说不尽,道不明的无限纵深感。

其实,在包装设计作品显见的结构中,也掩藏着不清晰的形式因素,而创造或欣赏隐藏结构的感觉过程是极为有趣的,充分发挥这种不清晰的形式因素,也意味着一种能力的成熟。人们的眼睛甚至想象力常常能在某种潜在的引导中发现那些不清晰的形式因素,并使之与清晰可见的形式因素联结起来,完成对一幅包装设计作品的全部解读。

视觉流程整体设计是创作构思的重要内容,使视觉流程虽然无迹可寻,隐身于构成整体的各个组成部分背后,但它的作用力却是显而易见且不可低估的。

对于包装设计中的结构线、形状和色彩形式特征与象征意义的销售显现,设计师应从心理学和美学相结合的角度加以运用,在包装设计中形成一种能给消费者以预期的审美感受的关系,如方向、节奏、间隙、分制、紧张、期望、惊奇、和谐与对比的深层次的心理感官。

(一)视觉的过程

人们在进行观察或阅读时,其视线有一种自然的流动习惯,最为普遍的是由左至右,由上而下,由左上沿着弧线向右下流动,在流动过程中,注意值也在逐渐降低,这种流动的视线称为"视觉的流程"。包装整体设计中的视觉流程,目的在于使人们的视线依照设计的意图"按图索骥",从而感受最佳的影像。

包装各构成要素在一定的限度内为目力所及,利用各要素的间隙大小所产生的节奏,增加了解读的愉悦感。此外,如视觉流程与其设计的战略性观念相一致、珠联璧合,势必能产生畅快淋漓的观感和真正动人心神的气势。

(二)最佳的观察方法

所谓的最佳视域,指的是在某界定距离或范围内,画面上最引人注目的方位。心理学研究表明,画面以中线为界线,上侧的视觉诉求力强于下侧,左侧的视觉诉求力强于右侧。因此,画面的左上部和中上部被称为"最佳视域区",所要传达的信息重点应优选最佳视域,而画面的上部占整个面积的三分之一处是最为引人注目的视觉区域,因而被视为画面的焦点方位,设计的"醒目之处"常设于此。

(三)视觉流程的设计

视觉流程的整体设计,要突出信息重点,在瞬息间抓住人的视线,引人关注,要凭借新颖的形式,以动人的色彩、鲜明的夸张诱导视觉的感知,在最佳视域突出应传达的要旨。图形、文稿、色彩等各要素依据主题内容做严谨的组合,通过文字的大小渐变、具有透视感的远近线条和色彩的相互衬托等,来吸引视线自然地移动,最终完整地感受全部包装设计的内涵。这样,信息传达越明确,视觉流程的编排也就越成功。

包装组合的设计并无固定的格式可以套用,正如艺术创作无法按科学的公式来演绎,任何形式美的法则和艺术原理都贵在活用,不能被其束缚。包装的组合设计不是一种单纯的技术性操作,而是通过整体视觉化和形象化的设计,传递出融汇着理念与感觉、主观与客观、秩序与超越、效果与功能、现代与传统的系统体验和完整的信息。

三、整体包装设计的思维延伸

"构思"是包装设计的灵魂,是设计者对设计商品的全新理解,经过思维,同自己以往的经验和技术巧妙结合之后的衍生物,是知识后期"实践"和"灵感"的总和。

我们知道包装艺术设计是科学技术与艺术的综合。包装设计的构思,不仅要考虑包装的功能,而且在考虑包装视觉美的传达以及包装内容物和人的思维关联的深层表现上,正是设计师需要积极考虑的思维创造活动。

包装设计师只有熟练的制作技能,但缺乏设计的构思能力,是不可能创造出具有生命活力和具有视觉感召力的包装作品的。

（一）包装设计的灵感取向

设计的灵感如何寻找? 设计的借鉴物又在哪里? 它是在社会、在自然、在人生、在自然界的千变万化之中,设计师的灵感是建立在"博采众长"的大眼光之上,是投身场所和社会,了解市场和消费者的需求,是积累知识和运用知识灵活程度的体现。一个设计师设计思维的形成有赖于从生活的每个层面去学习,去丰富自己的知识体系,去驾驭、去提炼,并以大视野设计出深受广大消费者欢迎的在实用与艺术上独树一帜的成功佳作。

现代视觉传达设计在人类的社会生活中,一次又一次地创造了信息和文化传播的奇迹。那么,奇迹又是怎样发生的呢? 仅是设计者任想象力漫无目标地遐思,或沉浸于图形上的技巧表现与文字的游戏? 这都不能称为创作,因为这忽视了创作的意义,对设计也毫无责任感可言。

（二）设计思维的意义

设计者如果一味地追求某种完善状况的形式关系,只能把消费者引入歧途,或使公众远离设计。因为至关重要的一点是设计必须传达意义,只有它传达的内容才能最终决定究竟应该选择什么样的方式进行形式上的组织和创造。

因此,设计者在其想象力的驱动下,始终应该坚持他的每一个观念、每一个构思,他所写下的每一个字、所画的每一条线,他所用的每一笔色彩,甚至所配置的每一张摄影图片中的明与暗,都应使其原始的主题和他所决定传达的视觉信息具有更经典、更精确、更简洁和更有说服力与感染力。

(三)设计创造思维的活动

包装设计构思是一种创造性的思维活动,通过构成的要素来表现主题。它的特点是具有独特性、想象力、情节性,设计师运用自己的知识、经验、联想、记忆、感觉、综合分析的能力,最大限度地发挥自己的创造性。创意的过程是一个艰苦细致的分析、研究、发现、创新的复杂过程,正如音乐能直接影响人的灵魂一样。

图形和色彩是构成一种视觉语言的组合,使之能足够地表达内在的感情并把它传达给观众。无疑的是,形态的构成要素(点、线、面等)可以反映一定的内容,表现一定的感情,如生命力、庄重、朴实、热情、理智等。而且,人们对于视觉形态都有一种自然归纳为语义的习惯,通过视觉语言对造型的潜在情感抽象意念的附和。当图文信息和色彩以一定的结构组成视觉的形式,无论复杂与否,作为传达的要素,它们本身必须具有诉求的综合性。图形的选择、色彩配置、文字的不同风格都会成为视觉语言的独特表现形式,并以最佳的组合实现包装商品信息和情感的优美传递。

(四)包装图形的意蕴

图形令人心领神会的意蕴,色彩使双眼为之一亮的调配,文稿的巧妙"叙说",版面的动人编排,都使包装艺术设计变成了一种沟通。设计师希望自己的作品能直接向消费者说话。真实的语言有时也是无法取代直接的视觉感受,包装设计师则在此提供了一个微妙的意义组合,需要消费者加以想象来填补意义上的"空白"。构思的过程可谓是推理的过程,有时以具象思维为创意的源泉,有时以抽象为构思的依据,有时两者合二为一作为构思的方法,关键在于对包装商品的理解角度,以及认识各个不同方面和各种因素及其相互间的作用。事实上,就一件完整的包装设计作品而言,各组成因素的作用是不可分割的,这些因素的特定意义经过形式上的组合叠加后,形成了各方面的互补、综合与深化,意义才朝着更接近完整与真实的方向延伸。

如果把构成一幅包装艺术设计作品的诸多形式因素逐个分离来加以分析,可能会造成一种错觉,引起理解上的异议。虽然对每一细节的理解已暗含着一种对整体意义的理解方向,但只有当这一系列互相关联的因素经过组合,形成有意味的整体设计之后,才是对其设计意义的一种"洞开"。

四、包装设计的系列化组合设计

产品包装是一个无声的商品推销员,产品包装的风格如何呈现在消费者面前是一个十分重要的课题,这意味着设计师要以较高的热情创意出一种最有力的促销设计方案来。近年来,出现在市场上的一批具有构思新颖、风格独特的产品包装设计,它们的特征是:成组、成套、风格化、系列组合化,这也就是我们常说的系列化包装。

同一企业生产的不同种类的产品、同类产品、同种产品,在包装上用同一商标,标准字体、标准色彩、标准色系,用相同的表现手法,在构图、图形、形态、大小等方面形成多样统一的系列化设计,我们称为"系列化包装",也称为"家族式包装"。值得指出的是,如果将"形式的组合与意义的延伸"放到全方位的产品和营销策略统筹的范围来看,组合之美就有了它更为广阔、更为深刻的含义了。

（一）系列化产品的设计应从以下四点考虑

根据包装品牌要进入的所在销售区域进行缜密的市场调查,及时推出适合当地人习惯和趣味的包装新产品。

在包装产品的广告宣传上,要丰富多变,为新产品的上市做好铺垫,进一步在消费者心目中树立起品牌信息,从每个角度突出品牌的个性。

包装系列化的品牌策略不是把一种产品简单地贴上几种商标,而是追求同类产品不同品牌间的差异和鲜明的个性,如"宝洁"公司生产的"海飞丝""潘婷"等系列洗发水。

系列化设计的品牌策略以尽量占领广阔的市场空间为目的,每一个品牌根据市场细分出不同的产品类型,使日益扩充的产品家族乘虚把产品输入消费者的生活中。个性鲜明的系列品牌可以满足不同消费群体的需要,同时因为品牌种类繁多,组合在一起造成对竞争对手的包围态势,有利于提高产品的竞争力,延长每个产品的使用寿命。

（二）系列化包装的特点

系列化包装在市场的货架陈列上以群体形象出现,大面积占有空间,整体效果好,具有很强的视觉冲击力,有利于促进商品的销售。系列化包装设计分类明确,识别性强,使消费者印象深刻,由此可以提高产品和企业的知名度,树立企业形象。由于系列化的包装阵容庞大,特点鲜明,具有极佳的宣传效果,从而可以节约广告费用,对有些系列化包装推销到不同的地区,同样具有很大的市场渗透力。

(三)系列化包装设计的形式

系列化包装分为大、中、小系列。在设计系列化的产品包装时,同种产品有许多不同类别的产品。可采用统一性的企业形象(商标)和标准字体、标准色彩进行设计,或按产品的性质与功能的相近做系列化设计,也可按同种产品不同型号的规格或材质进行系列设计,如四川宜宾"五粮液"股份有限公司生产的系列酒,它的包装也是系列化设计的。

由于系列化的包装设计要求在统一中求变化,如果太统一则很难区别产品的种类,变化过多又易失去系列化包装的感觉。系列化设计中常见的构思有三种形式可供参考:①商品以同品种不同规格并列时所形成的系列;②商品的不同成分并列时所形成的系列;③同类商品以不同用途并列时所形成的系列。

系列化的家族产品有利于在消费者心目中树立起企业从产品到经营的整体形象,构思时从产品的"需求"出发,直到包装广告的宣传攻势,最终赢得消费者的青睐。这才是包装系列组合的目的与意义。

第五章　包装设计的造型与结构

第一节　包装容器造型设计

包装容器的形态很多,在这些结构形态中,有些形态的结构变化不多,如之前提到的软管类、桶类、钵类、罐类及盆类等。而有些形态的结构变化丰富多样,比如前面提到的瓶类。而且,从实际应用来看,包装瓶的应用是最广泛的。因此,在这里,我们重点来介绍包装瓶的造型设计。

一般而言,我们可以把包装瓶从上到下划分为口、盖、颈、肩、胸、腹、足和底八个部分,在此基础上,有的瓶还有耳、环、组及柄等结构。包装瓶的这八个部位,任何一个形线的变化都会使造型产生变化。要设计既实用又有造型美的瓶形,必须掌握这八个部位线形和面形的变化方法。笔者下面分别对瓶子的这八个部位设计,来介绍包装瓶的造型设计方法❶。

一、瓶口造型设计

由于涉及密封和消费使用,一般说瓶口造型不做很大的变化。因为对于某些产品,其瓶口与瓶盖螺纹关系及尺寸是不变的或采取标准化生产的,因此,瓶口造型首先取决于设计定位采用何种封口方式。有些产品既可采用细口瓶形,也可采用广口瓶形,则粗和细的变化会对瓶形视觉产生较大的影响。此外,瓶口螺纹的高低和同时考虑瓶盖的造型也会对瓶形产生造型上的变化。绝大部分瓶口均被瓶盖遮住(内塞盖除外),故瓶口必须和瓶盖进行一体化设计。

包装瓶的瓶口是玻璃包装瓶的关键部位,设计时应与密封形式相适应。

❶吴萍,郭怡瑛,黄镇涛.五粮液国将•包装容器创意设计[J].包装工程,2022,43(2):423.

目前市场中常用的瓶口的结构形式有冠形封口、螺纹口、磨口和圆柱形口等具体密封形式。

1.冠形封口

冠形封口是细口瓶最常用的一种封口形式,多用于啤酒、汽水等饮料瓶的封口。冠形封口现已标准化、系列化,冠形封口的瓶口结构以及皇冠盖的结构均有其标准形式。

2.螺旋封口

螺旋封口是通过预制在瓶口与瓶盖上的螺纹相互咬合实现封口的。螺旋封口结构现在也已形成标准。应当说明的是,瓶口螺纹常常制作成断开的形式,且断开位置一般位于分型线处。

3.塞封

塞封是在瓶口内部制作一段正圆柱面,然后在此圆柱面内塞入软木或塑料等有弹性的材料制成的塞盖来实现封口的。

4.真空封口

真空封口有两种形式:凸耳盖封口和轧盖封口。这种封口形式常用于罐头的封口。由于加盖时被包装物通常是处于高温状态,所以在封盖后容器内部因温度降低而形成负压,从而使瓶口与盖紧密地结合在一起。

5.磨塞封口

这种形式有点像塞封,其瓶体和瓶盖都是用玻璃制作的。将瓶盖与瓶口互相研磨,使盖与瓶口的配合表面形成一个紧密配合的结合面而起到密封作用。磨塞又分为外磨口和内磨口两种。

二、瓶盖造型设计

在研究和设计瓶形时,有些人常常将瓶盖排除在外或脱离瓶形单独考虑,这是错误的。瓶盖是瓶形整体造型的一个重要部分,有时它直接影响到瓶形的感觉。相同的瓶身盖上不同的瓶盖,其造型完全不同。

瓶盖是和瓶口相连接的部位,设计时必须与瓶形整体造型一起考虑。设计瓶口、瓶颈时,同时考虑瓶盖造型,设计瓶盖时则更要考虑瓶口大小、瓶颈长短与整体瓶形的协调性和创造性,同时还要考虑到内装产品的商品特性要求、消费使用方式、密封度、保护功能、开启的方便性、安全性等。对内装液态、粉末态、颗粒状态及有内压的产品(啤酒、汽水等),其盖的设计要求也是不同的,不能单从造型角度考虑。

（一）瓶盖造型形线变化

1.盖顶线面的变化

盖顶有平盖顶、凹盖顶、凸盖顶、立体盖顶、斜盖顶、易拉盖顶、推拉铰链盖顶等多种。

2.盖角线面的变化

盖角指盖面和盖体的交接过渡部位,虽然面积很小,但它的变化对盖形在视觉上同样会产生一定的影响。这个部位主要是转角的平直和弧度大小,也可由盖体轮纹延伸到盖角。

3.盖体线面的变化

盖体是盖造型的主要视觉部位,其尺度、线形曲直的改变,直接影响盖的造型和瓶形整体线形的变化。

（二）瓶盖的分类

瓶盖按高度主要分为四种:口盖、颈盖、肩盖和异形盖。

1.口盖

口盖是最短的一种盖形,指高度刚好将瓶口和螺纹遮住的瓶盖,包括一般的王冠盖、易开盖、金属安全盖、螺旋盖、轮纹塑料塞盖等。口盖因盖体较短,其线面的变化范围不可能很大,其造型变化除盖顶、盖角可参考前面盖顶、盖角的方法外,盖体主要采用台阶形、梯形、轮纹形、角面形或非圆形的几何形截面造型。这种造型必须与瓶形配套协调,如三角形瓶盖与三角形瓶形配套。

2.颈盖

颈盖是指盖体高度将瓶颈大部或全部遮盖住的瓶盖,从视觉上看瓶盖较高,其盖体可变化的范围比口盖要大,瓶盖造型对瓶形的影响也大,方法基本与口盖相同。

3.肩盖

指盖体一直延伸到瓶体的肩部,将整个瓶颈全部遮盖住的瓶盖。这种瓶盖使整个瓶体造型显得更加简洁大方,对瓶形常常起到关键的视觉影响作用。这类盖主要靠内塞密封,肩盖主要起整体造型作用,有些产品(如酒类)将肩盖作为一种套盖,取下可作酒杯使用。肩盖因其盖体较高、面积较大,在设计时必须更注重将其作为瓶形整体的造型设计。

4.异形盖

统指截面为非圆形和带有其他添加立体形态的瓶盖。异形盖多数用于高档酒类和中高档化妆品的容器造型,像酒类和化妆品中使用的多面立体异形玻璃塞盖。各种异形瓶的瓶盖造型变化多样,主要起到造型装饰的作用,或特殊功能需要。这类盖形的设计大多采用与瓶体造型相同或相近的线形,有些是将瓶体倒置缩小或略作变化,使盖和瓶形式产生良好的协调感。

需要注意的是盖和瓶体的尺度比例关系,异形盖的立体造型过大会显得头重脚轻,过小则小头小脑不大方,从而都会缺乏整体协调美感。

三、瓶颈造型设计

从造型上瓶颈上接瓶口下接瓶肩,故瓶颈的形线可分为三部分:口颈线、颈中线和颈肩线,这三部分组成瓶颈造型的基本线,其形面也随线形的变化而变化。瓶颈的形线变化及其造型取决于对瓶形总体的造型构思,可分为无颈型、短颈型和长颈型。无颈型一般由颈口直接连肩线,无颈型就是这种瓶型的主要造型特点。短颈型只有一个较短的颈部,其颈口线、颈中线、颈肩线很短,甚至有部分以其形线变化一般较简单,常采用直线、凸弧线或凹弧线这几种,也有在短颈部设计成一较明显的环片凸起,起到用手指夹住,提起时防滑落的功能。长颈型则颈线较长,可以明显进行颈口线、颈中线和颈肩线的造型变化,这种变化会使瓶形产生新的形态感觉。其造型的基本原理和方法同样是采用对颈部各部位的尺寸、角度、曲率进行加减对比,这种对比不单是颈部自身的对比,同时必须照顾到与瓶形整体线形的对比关系和协调关系。对于需贴领标的瓶形则在造型上需注意瓶颈的形状和长短符合贴颈标的要求。

四、瓶肩造型设计

瓶肩上接瓶颈下接瓶胸,是瓶形线面变化的重要部位,这种造型法同样是在保持口、颈、胸、腹、足、底基本线形不变的情况下,只改变瓶肩来塑造新的瓶形。

在瓶肩造型中可将肩线分成肩颈线、肩中线和肩胸线三部分,肩领线设计时必须考虑肩和颈连接的过渡关系,肩胸线则主要考虑肩和胸的过渡协调关系。一般而言,颈线的角度变化不大,而肩线是瓶形中角度变化最大的线形,所以它对瓶造型变化的影响很大。

肩线通常可分"平肩形""抛肩形""斜肩形""美人肩形""阶梯肩形"五种。各种肩形又可通过肩的长短、角度及曲直线形的变化产生很多不同的肩部造型,不同的肩形和不同的肩线具有不同的个性,这与人的肩形和所穿服装的肩部造型一样。"平肩"是肩部接近水平,它具有西服一样的挺拔潇洒、充满精神朝气。"抛肩"就相当于现代妇女抛肩服装,使身材修长又充满活力的感觉。"斜肩"则如一般无垫肩服装,具有自然洒脱感。"美人肩"则具有古典妇女线形柔和苗条感,是介于斜肩和抛肩之间的一种肩形。"阶梯肩"是肩部有一个向上的环形台阶,就如肩部挂的项链,起到增加凹凸装饰线形的感觉,例如茅台酒瓶形。

在肩部造型中,同样的肩形采用在直线平面和直线曲面或曲线曲面等不同造型的瓶身时,其造型感觉也完全不同,如果是非圆形瓶身,则具有两对以上不同方向的肩线和肩面,其肩形平斜和曲直的变化则能创造更多的造型。

五、胸、腹造型设计

胸、腹是瓶形包装容器中的两个不同造型部位,由于胸、腹是瓶子的主要部位,对大多数瓶形来说,这两个部位的形线常常紧密联系在一起,而且形线的变化更加直接相关,所以设计造型时既可分开考虑也可合并考虑。这两部分合起来称为瓶体。

胸、腹上接肩线下接足线,所以可分成胸肩线、胸腹线和腹足线三部分。其造型方法与肩颈相同,由于胸腹面积大,所以线形和面形变化更丰富。胸、腹造型取决于两个关键因素:①线,即轮廓线形,是指从正视图和侧视图所观察到的瓶体部分轮廓线的形状;②面,即组成瓶体部分的面的形状,一般包括平面和曲面两种。以下就以这两个点为参数,介绍一下瓶体部分造型设计的方法。

(一)直线单曲面造型

这是最普通且常见的瓶体造型。直线是指组成该瓶子瓶体部分的轮廓线,其侧视图和正视图的轮廓线都为直线;单曲面是指组成该瓶子瓶体部分的面,是一个连续的完整曲面。这类瓶子最典型的代表就是圆柱形瓶子。设计这类瓶子的造型时,我们可以通过以下方法来改变其外形。首先,改变两边轮廓线的相对关系,从传统的两条平行线,改变成有一定夹角的线,这样瓶子就从圆柱体瓶子变成圆台体瓶子。其次,我们可以改变两侧轮廓线的夹角度,随着角度逐渐变小,瓶体可以从圆台体逐渐过渡到圆锥体。最后,我们还可以改变瓶体轮廓线的长度比例关系,使瓶体从正梯形单曲面转变成侧梯形单曲面。

(二)直线平面造型

"直线"指瓶体的正视图和侧视图的轮廓线均为直线,"平面"指该造型的瓶子的瓶体是由多个平面围绕而成。这类瓶子最典型的代表就是各种方形、矩形瓶。在设计这类瓶子的造型时,我们可以从以下三个角度入手:①可将相邻两个平面之间的夹角进行调整,从最常见的90°夹角,改成60°、108°或120°,这样瓶体的造型就从四棱柱体依次变成三棱柱体、五棱柱体或六棱柱体等;②将瓶体平行关系的轮廓线改为有一定夹角的直线,这样瓶体就会从棱柱体造型变成棱台体甚至校锥形;③可以改变瓶体中相邻两个侧面过渡的方式,从原先的楼线过渡改成倒角过渡或圆弧过渡,就可以设计出平面圆角瓶形或平面倒角瓶形。

(三)曲线平面造型

"曲线"指瓶体主视图投影由不同长短和曲率的弧线组成,侧视图投影由直线组成。"平面"指组成该瓶体的主视面为平面。最有代表性的瓶子就是扁平的瓶子。这类瓶子具有明显的曲直对比感,造型丰富,视觉力度强大。这类瓶子的造型设计可以从以下两点入手:①改变主视图中曲线的曲率大小和不同曲率曲线的长度比例关系,就可以获得视觉上完全不同的此类瓶体;②可以改变主视图中轮廓线的弯曲方向,从而得到视觉差距明显的曲线平面瓶子。

(四)曲线曲面造型(双曲面)

"曲线"指瓶子的主视投影为曲线,侧视投影也为曲线;"曲面"指组成瓶体的面是由一个或多个曲面组成。这类瓶子的典型代表是球体的瓶子。设计这类瓶子时,可以从以下三个角度出发:①改变轮廓线形状,从最常见的正圆全对称曲线,改成其他弧度的对称曲线,使瓶子从球体变成不同程度的椭球体;②可以改变不同曲率弧线的高度比例关系,拉伸或压扁瓶体,形成造型变化多样的瓶子;③可以改变曲面的数量,由传统的一个曲面改成多个曲面围绕而成,从而形成视觉差异很大的瓶子。

(五)正、反曲线造型(S曲线)

这类瓶子的瓶体特征是瓶体的正视图轮廓线是由一个向上的S形曲线组成。这类瓶子的典型代表就是葫芦形的瓶子。设计这类瓶子时,可以从以下三个角度出发:①可以改变瓶体中S线的个数,设计出复杂程度不同的此类瓶子;②可以调整S曲线中正反曲线的曲率对比关系;③可以改变S曲线中正曲线和反曲线的高度比例关系。

(六)折线造型

"折线"指瓶体的正视图和侧视图是由两条以上直线组成的折线。设计这类瓶子时,可以从以下三个角度来设计:①可以改变折线之间的夹角,甚至可以将锐角改成钝角,使瓶子的造型发生很大的变化;②可以改变折线段的高度比例关系;③可以改变折线段的数量,将两段改成三段等。这类瓶子造型对比度大、个性强烈、比例处理适当,具有很强的形式感。

在瓶形的胸腹造型中特别要注意的是考虑瓶贴部位面积要合适,能平整而方便贴牢瓶贴。

六、瓶足造型设计

瓶足在造型中常被忽视,认为对形态没有什么影响,其实若进行认真推敲,结合瓶体,同样可以创造新的、有特色的瓶形。

瓶足线上接胸腹线下接瓶底,虽然瓶足线形变化尺度不大,但仍有设计造型的余地,同样可以采用直线平面、曲线平面、曲线曲面、正曲、反曲塑造新的造型。瓶子可以有瓶足,也可以没有瓶足。

七、瓶底造型设计

对瓶子而言,瓶底设计主要放在功能上。为了保证瓶子的耐用性,瓶底一般采用稍向内凹的形状。这样的设计主要从以下两点考虑:①内凹的瓶底可以保证包装瓶的稳定,而且可防止由于瓶底擦伤,而对瓶子使用带来影响;②内凹的瓶底,可以分散在灌装时内装物对瓶底的压力,从而提高瓶子的抗内压和抗水冲击的强度。特别是对玻璃瓶而言,这一点非常重要。

关于瓶子造型的设计,笔者在此还要强调以下两点:

第一,这里只是对基本瓶体造型进行了介绍,实际设计时我们可以将以上几种瓶体进行组合设计。酒瓶瓶体部分就是正反曲线造型和直线单曲面造型两种造型方法的结合。

第二,瓶子结构虽然被分为八个部位来一一介绍,但是在实际设计时八个部位之间不一定有严格的分界线,我们应该灵活处理。洗面奶包装瓶的颈部、肩部和瓶体部三者之间就没有明确的界线,完全可以作为一体来设计。

第二节　包装结构设计

一、纸质包装容器结构设计

(一)纸质材料的特点

纸质材料质轻,便于运输和携带,容易成形,便于印刷,成本低,并容易回收,无公害,无异味,同时它还具有易于折叠、易于与塑料等其他材料复合的特点。因此,在销售包装中,纸材的应用比例最大。其中,白板纸占整个包装用材的50%左右。纸包装结构在包装行业中有许多优点,如漂白纸板非常适合用作牛奶和果汁包装盒,涂布纸板的彩印质量也较薄膜塑料更为精细和逼真。纸包装在原料与成型方法上与其他刚性包装容器有明显差异,所以在结构上有许多与众不同的特点❶。

(二)包装中的纸质材料

纸张是我国产品包装的主要材料,其中应用比较广的纸质材料主要有以下十七种。

1.白板纸

白板纸有灰底与白底两种,质地坚固厚实,纸面平滑洁白,具有较好的挺力强度、表面强度、耐折和印刷适应性,适用于做折叠盒、五金类包装、洁具盒,也可用于制作腰箍、吊牌、衬板及吸塑包装的底托。由于它的价格较低,因此用途最为广泛。

2.铜版纸

铜版纸分单面和双面两种。铜版纸主要采用木、棉纤维等高级原料精制而成。每平方米在30～300g,250g以上被称为铜版白卡。纸面涂有一层白色颜料、黏合剂及各种辅助添加剂组成的涂料,经超级压光,纸面洁白,平滑度高,黏着力大,防水性强,油墨印上去后能透出光亮的白底,适用于多色套版印刷。印后色彩鲜艳,层次变化丰富,图形清晰。适用于印刷礼品盒和出口产品的包装及吊牌。克度低的薄铜版纸适用于盒面纸、瓶贴、罐头贴和产品样本。

3.胶版纸

胶版纸有单面与双面之别,它含少量的棉花和木纤维,纸面洁白光滑,但白度、紧密度、光滑度均低于铜版纸。它适用于单色凸印与胶印印刷,如信纸、信封、产品使用说明书和标签等。在用于彩印的时候会使印刷品暗淡失色。它可以在印刷简单的图形、文字后与黄版纸裱糊制盒,也可以用机器压成密楞纸,置于小盒内做衬垫。

4.卡纸

卡纸有白卡纸与玻璃卡纸两种。白卡纸纸质坚挺,洁白平滑;玻璃卡纸纸面富有光泽。卡纸价格比较昂贵,因此,一般用于礼品、化妆品、酒等高档产品的包装。

5.牛皮纸

牛皮纸本身灰灰的色彩赋予它丰富的内涵和朴实憨厚感。因此,只要印

❶李娅.基于绿色低碳理念的日化包装设计研究[J].日用化学工业,2022,52(3):316-321.

上一套色,就能表现出它的魅力。由于它具有价格低廉、经济实惠等优点,设计师们都喜欢用牛皮纸来做包装袋。

6.艺术纸

这是一种表面带有各种凹凸花纹肌理的,色彩丰富的艺术纸张。它加工特殊,因此价格昂贵。一般只用于高档的礼品包装,以增加礼品的珍贵感。由于纸张表面的凹凸纹理,印刷时油墨不实,所以不适于彩色胶印。

7.再生纸

再生纸是一种绿色环保纸张,纸质疏松,初看像牛皮纸,价格低廉。由于它具备了以上优点,世界上的设计师和生产商都看好这种纸张。因此,再生纸是今后包装用纸的一个主要方向。

8.玻璃纸

玻璃纸有本色、洁白和各种彩色之分。玻璃纸很薄,但具有一定的抗张力性能和印刷适应性,透明度强,富有光泽。用于直接包裹商品或者包在彩色盒的外面,可以起到装潢、防尘的作用。玻璃纸与塑料薄膜、铝箔复合,成为同时具有这三种材料特性的新型包装材料。

9.黄版纸

黄版纸厚度在1~3mm,有较好的挺力强度。但表面粗糙,不能直接印刷,必须要有先印好的铜版纸或胶版纸裱糊在外面,才能达到装潢的效果。多用于日记本、讲义夹、文教用品的面壳内衬和低档产品的包装盒。

10.有光纸

有光纸主要用来印包装盒内所附的说明书,或裱糊纸盒用。

11.过滤纸

过滤纸主要用于袋泡茶的小包装。

12.油封纸

油封纸可用在包装的内层,对易受潮变质的商品具有一定的防潮、防锈作用。常用于糖果饼干外盒的外层保护纸,用蜡容易封口和开启。对日用五金等产品则常常加封油纸作为贴体封口,以防锈蚀。

13.浸蜡纸

浸蜡纸是将纸与蜡进行综合处理后的一种纸质材料,它的特点为半透明、不黏、不受潮,用于怕水商品的内包装,如用于香皂的内包装衬纸。

14.铝箔纸

铝箔纸用于高档产品包装的内衬纸,可以通过凹凸印刷,产生凹凸花纹,增加纸张的立体感和富丽感,能起到防潮作用。它还具有特殊的防止紫外线的保护作用、耐高温、保护商品原味和阻隔空气效果好等优点,可延长商品的寿命。铝箔纸还被制成复合材料,并广泛应用于新包装。

15.护角纸板

护角纸板是一种新型包装材料,是纸张和黏合剂为原料经特殊加工而成的多种形状的护角纸板,如L型、U型、方型、环绕型和缓冲垫型等。具有无环境污染、可回收、增加包装强度等优点。另一个重要优点是它取代了造成环境污染的发泡塑料,同时可免去外包装纸箱。在金属板材及平板纸张包装中,由于传统包装因打包造成表面变形破损,影响了商品的质量,而护角纸板可以有效地保护商品。在纸箱中放入护角纸板,可增强其抗压强度。

16.保鲜纸板

保鲜纸板是一种复合纸质材料。在纸的夹层、内侧及外侧等部位加入塑料膜、铝箔等具有特殊功能的其他材料,起到隔氧、隔潮、隔紫外线、隔水等功能,从而保证内装物的新鲜度并延长产品寿命。例如,聚乙烯膜作为保鲜层夹在纸板内外面纸之间或把保鲜膜或真空镀铝复合到内外面纸上。还可以实现多种材料组合,如①牛皮面纸、瓦楞芯纸、专用塑料泡沫层、牛皮面纸;②双面瓦楞纸板内侧复合发泡LDPE层;③高纸热发泡PSP层与瓦楞纸板内侧组合;④保冷包装:面纸与瓦楞纸板之间复合微孔泡沫塑料;⑤在造纸过程中,在内面纸加入多孔型气体吸收粉剂等。

17.瓦楞纸板

瓦楞纸板是制作瓦楞纸箱的基本材料,它是由多层纸组合而成的,其中至少有一层为加工成波纹状的纸,叫作芯纸。最典型的瓦楞纸板是单瓦楞(也叫三层瓦楞)纸板,它是由一层面纸、一层芯纸和一层里纸构成的。它主要由外面纸、内面纸和中间夹着的瓦楞芯纸及各个纸页间的黏合剂黏合组成。

瓦楞纸板的楞型分为V形、U形和UV形三种。这三种楞形各具特点。V形瓦楞的圆弧半径最小,因而在承受外力时变形较小,而外力去除后恢复变形的能力较差。因此,它的抗压强度较高,但缓冲性能差,不易黏合;U形瓦楞的圆弧半径最大,因而在承受外力时变形较大,而外力去除后恢复变形的能力较强。因此,它的抗压强度较低,但缓冲性能好,易于黏合;UV形兼有二者的优点,它的圆弧半径介于U形和V形之间,因而在承受外力时变形以及外力去除后恢复变形的能力适中。因此,它的综合物理性能较好,是目前使用最为广泛的一种楞型。

根据芯纸波纹的大小不同,瓦楞又可以分为多种楞型,即以瓦楞大小、密度与特性的不同对其进行分类。目前使用的主要楞型有6种:超大瓦楞K型、大瓦楞A型、小瓦楞B型、中瓦楞C型、微(细)瓦楞E型和超细瓦楞F型,其中A、B、C楞用于外包装,B、E楞用于中包装,F楞则用于小包装。

依据瓦楞的层数不同,瓦楞纸板可以分为单面瓦楞纸板、双面瓦楞纸板、双芯双面瓦楞纸板和三芯双面瓦楞纸板。

(三)纸盒包装

纸质材料在包装中的应用,主要是加工成纸盒和纸箱。其中,纸盒尺寸和结构变化丰富,在销售包装中应用非常广泛。纸箱结构简单,变化不多,可以说是厚纸板加工的大尺寸的包装盒。因此,在这里我们就重点介绍纸盒的结构设计。

纸盒是指用较薄的纸板、经模切压痕后,再通过折叠、粘贴、嵌插及裱合等手段而形成的中空容器。

为了对纸盒有一个系统的认识,这里我们对纸盒进行了分类介绍。

第一,按几何形态分为方形、圆形、圆柱形、三角形及球形等。

第二,按模拟形态分为桃形、金鱼形、车形及飞机形等。

第三,按纸盒的结构形式分为以下几种:①陈列式:摆放在柜台,便于展示商品;②悬挂式:悬挂时可以是纸盒自身结构的变化,也可以是另外附加上去的,往往与开窗式结合,以充分展示内装商品,多用于牙刷、日用小五金(如灯泡)、小食品等;③多件集合式:可以是两件,也可以是多件,其特点是展示性强、陈列性强,一般多用于礼品包装、系列包装;④开窗式:在盒的一面、两面甚至三面连续切去一定面积,有时在切去面上贴上透明的玻璃纸。开窗部分有利于商品的展示,吸引消费者,增强购买欲望,从而具有很强的促销功能。多用于食品、工艺品、化妆品、啤酒等商品的包装;⑤多锁插入式:这种纸盒具有一定的承重能力,多用于酒等较重的商品的包装;⑥摇翼窝进式:具有很强的装饰和美化效果,常用于月饼等礼品的包装;⑦间隔式:这是组合包装的一种,在内包装的商品间设计有隔板等结构,起到间隔商品、保护商品的作用;⑧插锁式:在盒底设计有插口和插舌,透过二者的相互插入来实现盒底的封合,具有一定的承重能力;⑨斜口式:将盒子的开口设计在盒子的斜上方,如一些酸奶的包装;⑩抽屉式:抽拉方向和位置可以设计成一边开口或两边开口的形式,多用于食品及用品的包装;⑪提式:在盒盖部位设计提手结构,方便携带,多用于较轻的商品包装,如蛋糕、饼干等;⑫易开式:这是一种使用方便的包装盒。开启的基本形式有撕裂、半切缝、缝纫线等。开启的位置多在盒盖、正面、侧面等，常用于乳品及一些颗粒状食品的包装；⑬异型式：在盒子的某些侧面或盒盖上设计特殊结构，起到保护和装饰的功能。

第四，按成型方式不同，可以将纸盒分为折叠纸盒和粘贴纸盒两种。

折叠纸盒是应用最为广泛、结构变化最多的一种销售包装容器。折叠纸盒通常用厚度为0.3～1.1mm的纸板（包括单层纸板E型或F型瓦楞纸板、双层裱合纸板）制造。折叠纸盒的特点是成本低，流通费用低，适合大中批量生产，结构变化多，强度较差。折叠纸盒按其结构的不同可以分为管式、盘式、管盘式、非管非盘式等不同的形式。

粘贴纸盒是用贴面材料将裁切好的纸板裱合而成的纸盒。这类纸盒的特点是可选用的材料种类多，刚性较折叠纸盒高，堆码强度高，适合小批量生产，便于展示商品，通常为手工生产，劳动强度大，生产率低，流通费用高。

从以上分类可以看出，包装盒结构丰富，在后面介绍纸盒结构设计时，我们按纸盒的成型方式来分类介绍。从上述的成型方式分类中我们可以看出，折叠纸盒结构变化最多，同时，它也是包装中应用范围最广的一类包装盒，在这里我们主要介绍折叠纸盒的结构设计方法。

(四)纸盒包装结构设计通则

纸包装在原料与成型方法上与其他刚性包装容器有明显差异，所以在结构上有许多与众不同的特点。因此，纸包装结构设计的表示方法就不同于其他刚性包装容器。纸包装结构设计通则适用于折叠纸盒、粘贴纸盒和瓦楞纸箱。

1.绘图设计符号

裁切、折叠和开槽符号：①单实线：轮廓裁切线；②双实线：开槽线；③单虚线：内折叠压痕线；④点划线：外折叠压痕线；⑤三点划线：切痕线；⑥双虚线：双压痕线，即180°折叠线；⑦点虚线：打孔线；⑧波纹线：软边切割线。

其中，①、②为裁切线，③、④、⑤为压痕线，⑥为间歇切断压痕线。

在折叠压痕线中，分为内折、外折和对折。纸盒(箱)折叠成型后，纸板底层为盒(箱)内角的两个边，而面层为盒(箱)外角的两个边，则为内折；反之，则为外折。纸板180°折叠后，180°折叠线又称为对折线，都用双虚线表示。

2.封合符号

U形钉钉合，代号S；胶带纸黏合，代号T；黏合剂黏合，代号G。

3.提手符号

完全开口式,代号P;不完全开口式,代号U。

二、管式折叠纸盒结构设计

(一)管式折叠纸盒结构概述

管式折叠纸盒是指在纸盒成型过程中,盒盖和盒底都需要摇翼折叠组装,以固定或封口的纸盒。一般情况下,管式折叠纸盒在黏合后可以压成片状,因而便于储运。

管式折叠纸盒具有一个鲜明的特点就是旋转的特性,它是指管式折叠纸盒在成型过程可以看作是组成纸盒的各个侧面,绕其与相邻面的交线旋转一定角度而成型的。在纸盒结构设计时,这种旋转性体现在几个关键的成型角上。第一个是A成型角,它是指纸盒成型后,相邻两侧面的底边或顶边所构成的角,也叫第一类成型角,用字母α表示,如图5-1所示。它的确定方法是,如果组成盒子的侧面数为n,则$\alpha = 360°/n$。例如,六面体盒子的$\alpha =60°$,四面体的$\alpha =90°$等。第二个成型角是B成型角,它是指在盒子的各侧面中,底边或顶边与旋转轴所构成的角,也叫第二类成型角,用字母χ表示。在纸盒的展开图中,各侧面底边在同一条直线上,则B成型角都为90°。第三个角是旋转角,它是指在纸盒成型过程中,相邻两侧面的底边或顶边以其交点为轴所旋转的角度,或者在成型过程中,摇翼所旋转的角度,用字母β表示。当B成型角度为90°时,$\beta = 180° - \alpha$,如图5-1所示。计算旋转角的目的主要是为管式折叠纸盒的摇翼结构设计提供依据。在大多数情况下,一个纸盒的所有成型角和旋转角均为90°。

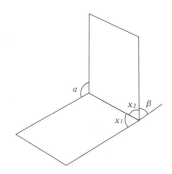

图5-1　管式折叠纸盒的各类角

折叠纸盒的基本结构,如图5-2所示。它是由盒身(即四个侧面)、盒盖(即上方的3或4个摇翼)、盒底(即下方的摇翼)及糊口和插舌组成。在尺寸上的基本关系是摇翼的高度等于成型后纸盒的宽度或高度(具体由纸盒的摆放形式而定)。

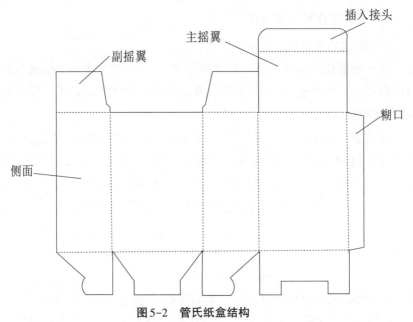

图5-2　管氏纸盒结构

(二)管式折叠纸盒的盒盖结构

盒盖是纸盒内装物,商品进出的门户,因此人们对盒盖有以下要求。首先,必须便于内装物装入和取出,且内装物装入纸盒后,盒盖不会自动打开,以起到保护内装物的作用。其次,要求盒盖在装入商品后容易封合,而取物时又容易开启。最后,要求盒盖具有美化促销功能,这是对盒盖比较高的要求。

盒盖设计的关键就是它的固定方式,在实际的包装应用中,常用的盒盖的固定方式有以下几种:①利用纸板间的摩擦力,防止盒盖自动打开;②利用纸板上的卡口,卡住摇翼,不让其自动打开;③利用插口插舌结构,将摇翼互相锁合;④利用摇翼互相插撤锁合;⑤利用黏合剂将摇翼互相黏合。

根据上述盒盖的固定方式,我们来重点介绍一些常用的盒盖结构的设计方法。

1.插入式

插入式盒盖在盒子的端部设有一个主摇翼和两个副摇翼,主摇翼适当延长,封盖时插入盒体,起到主要封合的作用。插入式盒盖是利用插入接头与纸盒侧面间的摩擦力,来防止盒盖自动打开,使纸盒保持封合的状态。如图5-3

所示,插入式盒盖有飞机式、反插式。

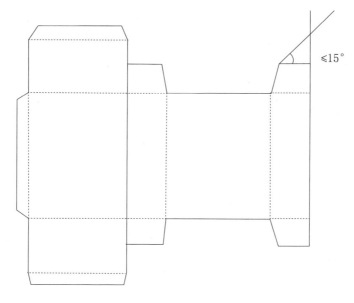

≤15°

图 5-3　插入式盒盖结构

插入式纸盒盒盖开启方便,具有再封合功能,便于消费者购买时打开盒盖观察商品,又可多次取用内装物,它属于多次开启式盒盖。

插入式盒盖设计的要点有以下几点:首先,封合时,副摇翼与主摇翼相接触的一侧要倾斜一定的角度,这样设计的目的是避免插入接头在插入盒体时受阻,这个角度要保持在15°左右,不能过大,否则会降低副摇翼辅助盒盖固定的作用。其次,要注意摇翼的高度。主摇翼的高度等于相邻侧面的宽度加上两个纸板的厚度,以保证主摇翼刚刚能封合顶部。副摇翼的高度小于相邻侧面的宽度。这里提到的摇翼的设计要点,在以下各类盒盖设计中都是要注意的。

2.插卡式

插卡式盒盖就是在插入式摇翼的基础上,在主摇翼插入接头折痕的两端各开一个槽口,这样当盒盖封合后,就可用副摇翼的边缘卡住主摇翼的槽口,则主摇翼就不能自动打开了。插卡式结构同时利用了摩擦力和摇翼之间的卡锁两种方法来固定盒盖,所以比仅用摩擦力固定的插入式方法更加可靠。

插卡式盒盖结构在设计时,上述插入式提到的设计要点依然适用。在此基础上,还要强调盒盖处的槽口设计,盒盖的槽口有隙孔、曲孔和槽口三种形式。如图5-4所示,隙孔指只在开槽口的地方剪开一小段即可;曲孔指在开槽口的地方,用剪刀剪成有一定弯曲度的槽口,这样相对直线孔更不易打开;槽口指在开槽口处要剪开,并有一定的宽度,这个宽度大概等于纸板的厚度t,一般适用于较厚纸板的盒子。至于槽口的长度,要与副摇翼上留的卡合处高度一致。

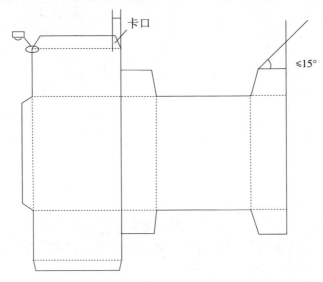

图5-4 插卡式盒盖结构

3.锁口式

锁口式盒盖一般有四个摇翼,在相对的两个主摇翼上分别设计有各种形式的插口和插舌,如图5-5所示。封口时,将插舌插入相应的插口内,以锁住盒盖而防止它自动打开。这种盒盖的特点是封口比较牢固,但封合和开启时稍微麻烦。这种盒盖常用在胶鞋类的纸盒包装中。

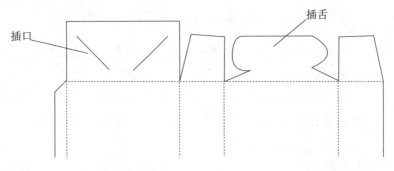

图5-5 锁口式盒盖结构

锁口式盒盖结构的设计关键就是盒盖处的插舌和插口。在两个相对的主摇翼上,分别设计插舌和插口,插舌的形状和位置与留地插口的形状和位置要相对应。摇翼的高度,参考之前插入式盒盖的要求。

4.插锁式

插锁式盒盖是插入式与锁口式相结合的一种盒盖结构。插锁式盒盖最常见的结构有两类,如图5-6所示。第一类是在盒盖的两个副摇翼上分别设计个锁舌,用锁舌互相锁住,而主摇翼上只有插入接头,做简单插入,这种结构在玻璃瓶外用的纸盒包装上用得较多;第二类是在一个主摇翼上有插舌,在另一个主摇翼上有插入接头,并在该主摇翼的相应位置有插口,插入接头做简单插入,插口与前一主摇翼上的插舌相对应,并利用锁舌插入锁口进行二次固定。这种形式的盒盖的固定也比较可靠。

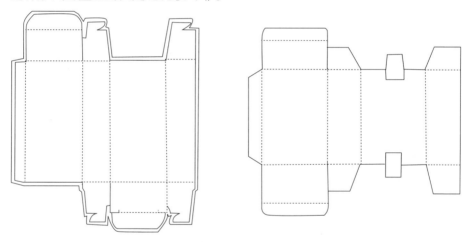

图5-6　插锁式盒盖结构

5.黏合封顶式

黏合封顶式盒盖是将盒盖的四个摇翼进行黏合的封顶结构,黏合的方式如图5-7所示,有单条涂胶和双条涂胶两种。这种盒盖的封口性能较好,并且往往和黏底式结构一起使用。这类盒子适合在高速全自动包装机上包装,常用于密封性要求较高的一次性包装,如胶卷的包装。也有用来包装粉末状和颗粒状的产品,如洗衣粉、谷类食品等,所以在管式折叠纸盒中用量很大。这类盒盖的独特之处是,一旦打开就不可再恢复原样,因此有防伪防盗的特点。这类盒子的设计要点则在于,一般有四个摇翼,主摇翼上都没有插入接头。

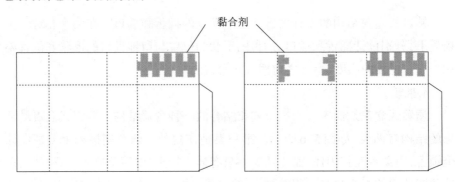

图5-7　黏合式盒盖结构

6.正揿封口式

这类纸盒一般的盒盖和盒底都采用相同的结构,即将纸盒的顶边与底边做成弧线或折线的压痕,然后再利用纸板本身的强度和挺度,揿压下两端的摇翼来实现封口和封底,如图5-8所示。这种盒盖操作简便,节省纸板,并可设计出许多风格各异的纸盒造型。需要注意的是,这种结构的盒子的纸板比较厚,有一定的硬度。这类盒子由于盒盖牢固性不够,所以适合用于内装物质量较小的商品。

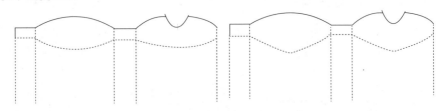

图5-8　正揿封口式盒盖结构

7.易开启式

将盒子的打开方式简易化,一般是将原盒盖与盒体进行黏合,在盒子的适当部位设计新的开口方式,主要有缝纫线和易拉带。缝纫线是一种简单的开启方式。它的位置可以根据商品的需要选择,可放在纸盒的上面、侧面、前面,也可以同时经过纸盒的两个甚至三个面。缝纫线的形状可以结合商品特点自由设计,如圆形、方形、椭圆形等。缝纫线一般用点虚线标出,如图5-9所示。易拉带是在包装盒的某一个或两个面上设计一定宽度的封合带结构,开启时将封合带撕拉下来即可。设计时易拉带的位置比较灵活,可以在纸盒的上面、侧面等,多用于快餐及冷冻食品的包装。这种易开启式盒盖,一旦打开,就不可再恢复原样。

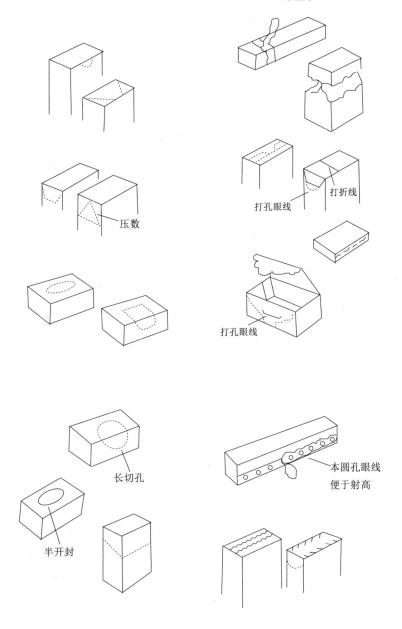

图5-9 易开启式盒盖结构

8.摇翼连续折插式

摇翼连续折插式盒盖是一种主要适用于正多边形管式折叠纸盒的盒盖或盒底结构,它是一种特殊的锁口方式。这种盒盖的特点是锁口比较牢固,并可通过不同形状的摇翼设计,经折叠后组成造型优美的图案,但是这种盒盖组装起来比较麻烦。摇翼连续折插式纸盒盒盖设计的关键在于,必须根据相交点的位置来设计摇翼的结构形状。因为摇翼连续折插纸盒的盒盖和盒底是纸盒的各个摇翼连续折插后,互相重叠而形成的,但是要使各个摇翼都能够互相折插进去,并保证互相锁住,就必须选择一个点,使各摇翼互相折插时仅在此点相交并插入,而不是相互重叠,否则摇翼就无法折插并相互锁住。这个点称为相交点,并用字母O来表示。同时,这个相交点只有位于各摇翼的轮廓边缘线上或折痕线上,才能满足各摇翼互相折插并锁住的要求;只要各摇翼的相交点位于摇翼的轮廓边缘线上或折痕线上,摇翼的形状设计则可是任意的,可根据需要设计成简单明快的直线型,也可设计成优美的曲线型或折线型,如图5-10所示。这类盒子一般可以用来盛装轻、小的礼品。

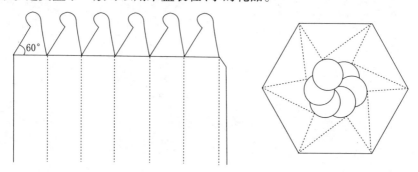

图5-10　摇翼连续折插式盒盖结构

(三)管式折叠纸盒盒底结构设计

纸盒盒底的主要功能是承受内装物的重量,并兼顾纸盒的封合功能。因此在结构设计时的要求如下:①要有足够的承载强度,保证盒底在装载商品后不会被破坏;②盒底的结构要简单,因为盒底结构过于复杂,就可能影响盒底本身的组装,从而降低生产效率;③盒底的封合方式要可靠,因为封合不可靠,就意味着商品随时可能掉出来。管式折叠纸盒盒底的设计原则是既要保证强度,又力求简单可靠。

管式折叠纸盒的盒底结构变化也比较多,下面介绍一些常用的盒底的结构设计方法。

1.插口封底式

插口封底式盒底是插入式盒底、插卡式盒底和插锁式盒底的统称,它们的结构都与同名的盒盖结构完全相同,这里就不再赘述。这几种盒底结构的区别如下:

插入式盒底所能承受的内装物质量最小,只能包装小型和较轻的商品;插卡式盒底的固定方式较插入式有所加强,可适当增加纸盒内包装物的质量;插锁式盒底由于是插入式与锁口式相结合,盒底的强度和固定方式得到了进一步加强,故它所能承受的内装物质量最大。

插口封底式盒底最大的优点是包装组合时操作简便,所以它在管式折叠纸盒中应用比较普遍。

2. 插舌锁底式

插舌锁底式盒底的常见结构如图5-11所示,它就是在两个主摇翼上,分别设计有插口和插舌,然后在组装盒底时,将插舌插入相应的插口的盒底结构。在设计时,插舌的形状可以有多种变化,关键是注意插舌与插口位置的对应和形状的匹配即可。这种结构的盒底固定比较可靠,所以多用于质量稍大的瓶装酒类和小五金零件、小金属文具的包装上。

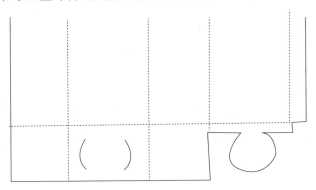

图5-11 插舌锁底式盒底结构

3. 摇翼连续折插式

摇翼连续折插式盒底的结构与摇翼连续折插式盒盖的结构完全相同(见图5-10),这里不再赘述。需要注意的是,盒底组装时其摇翼的折叠方向与盒盖相反,即盒底组装时各摇翼先折向盒内,然后再逐个放下摇翼折插。具体操作过程:①将盒底各摇翼内折180°折入盒内;②从盒内依次将摇翼放下折插,即可成型。这样组装的盒底,由摇翼折插组成的花纹图案放在盒内,当商品装入后,会压合这些花纹,让各个摇翼间贴合得更紧密,从而提高盒底的承载能力。这种盒底一般都和同结构盒盖配合使用。

4. 连翼锁底式

连翼锁底式盒底就是将矩形盒底的两个副摇翼沿底边切断,与盒子的侧边分开，而与一主摇翼连在一起，即为"连翼"。在组装时，两个副摇翼与盒子侧边内部相接触，当商品装入后，向两侧挤压两个副摇翼，加大了副摇翼与盒体内侧面的摩擦力，从而提高了盒底的牢固性。这种盒底结构简单，强度较高，承重能力较大，故又称为重型锁底式盒底，其结构如图5-12所示。它适用于较重的商品包装盒结构。

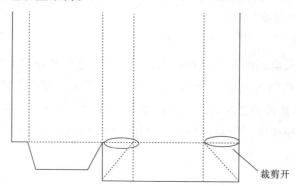

图5-12　连翼锁底式盒底结构

5.锁底式盒底

锁底式盒底主要用在矩形管式折叠纸盒上，不论这个底是平底，还是斜底，均可使用。锁底式盒底就是将矩形管式折叠纸盒的四个盒底摇翼设计成互相折插啮合的结构进行锁底，其结构如图5-13所示。从图可以看出，锁底式盒底其实是由摇翼连续折插盒底简化演绎而来的。因为当锁底式盒底结构成型时，O_1、O_2和O_3三点重合，P_1、P_2和P_3三点也重合，也就是说O点和P点是摇翼连续折插后的两个相交点。锁底式盒底能包装各类商品，且能承受一定的重量，因而在大中型纸盒中得到了广泛的应用，是管式折叠纸盒中使用最多的一种盒底结构。

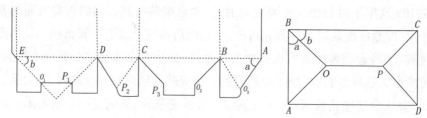

图5-13　锁底式盒底结构

此外，还有黏合封底式和正撤封底式结构的盒底，它们的结构与相应的盒盖结构完全相同，这里不再赘述。

三、盘式折叠纸盒结构设计

(一)概述

一般来说,盘式折叠纸盒的盒底和盒盖所在的侧面是盒体各个侧面中面积最大的侧面。如图5-14所示,盘式折叠纸盒一般由盒底,主侧板和副摇翼等三部分组成,有时根据需要还要附有盒盖。由图5-14可看出,盒底是盘式折叠纸盒的主体;而纸盒的各个侧面是由主侧板构成的;副摇翼则是由主侧板延伸出来,为实现盘式折叠纸盒的组装锁合或固定而设计的一些附件;盒盖及其延伸部分是根据需要加上去的一个封口装置。这种纸盒的一般高度相对较小,而盒底较大。

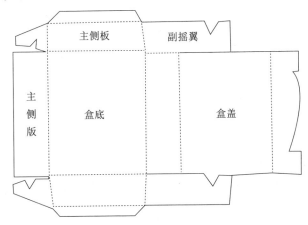

图5-14 盘式折叠纸盒结构

从成型方法来看,盘式盒具有如下特点:它是由一页纸板成型,且周边主侧板以直角或斜角折叠,或在角隅处进行锁合或黏合而成。这种纸盒的盒底几乎没有什么结构变化,其主要变化都集中在纸盒的边框即侧边上。

(二)盘式折叠纸盒的成型方式

盘式折叠纸盒的成型方法主要有三种,即盒端对折组装、侧边锁合组装和黏合式简单盒角组装。

1.盒端对折组装

盒端对折组装盘式盒是目前使用最为广泛的盘式折叠纸盒的成型方法,这种组装方法利用侧边副摇翼插入盒端主侧板并对折夹层中组装成型的方法,这种结构完全靠对折锁合成型而无任何黏合结构,如图5-15所示。这是对折组装盘式折叠纸盒的典型结构。一般情况下,盒端对折后利用两端的摩擦力就可以固定。

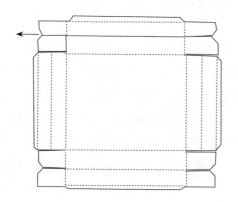

图5-15　盒端对折组装

有时,盒端处也可另加锁合结构,其锁合结构可以有两种形式:

第一,非黏合式简单盒角与盒端对折组装盘式盒,如图5-16所示。它的特点是四个盒角上的副翼不切断,而采用平分角结构设计与对折部分之副翼一起插入盒端对折之夹缝中锁合。

第二,倒角盘式折叠纸盒,它是利用对折组装方式设计出来的另一种盘式盒的形式,它是在传统的方形和矩形对折组装盘式折叠纸盒的基础上加上倒角结构而成的,它在四个角的四侧板上延伸出副翼,插入盒端对折组装的夹缝中,形成周边的夹层结构,质地厚实,形状似圆非圆,落落大方,再加上精美的印刷,如金属包装,常用来包装食品。

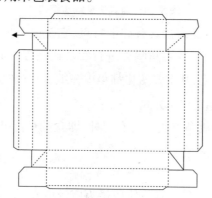

图5-16　非黏合盒角盒端对折

2.侧边锁合组装

侧边锁合就是在盘式纸盒的侧边上设计一些连接锁合结构,并将相应的侧边连接起来并组合成型的方法,如图5-17所示。侧边锁合的方式,根据实际情况有三种:①主侧板与副翼锁合;②副翼与副翼锁合;③在封盒时还可以将盒盖的延伸部分与主侧板锁合,而主侧板与主侧板相互锁合。盒盖切口的相互锁合就用得更多了。无论在哪里锁合,搭锁结构都是非常关键的。

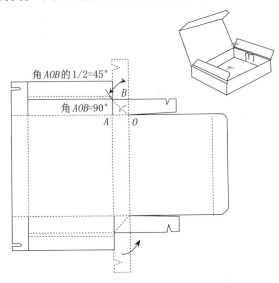

图5-17　侧边锁合结构

锁合的搭锁结构根据插入连接方式的不同,可分为以下五种形式。

(1)直接插入式

左右两侧的卡扣直接卡合。

(2)锁扣插入式

这种连接方式的特点类似于纽扣,也就是连接的两翼先相互垂直进入缝隙,然后再转平。

(3)旋转插入式

它的特点是两翼连接插入时需在平面内相对旋转一定的角度,才能插入。

(4)折曲插入式

其主要特点是该结构在插入前,要先按折叠线折曲,插入后再将折曲部分展开。

(5)重叠插入式

主要特点是这种结构的插入部分可能有几组,且每组的结构完全相同,即插入结构是重叠的,这样一则可使连接更为可靠,二则可组成一些美丽的图案，以美化包装。如图5-18所示，是一些常见的搭锁结构。

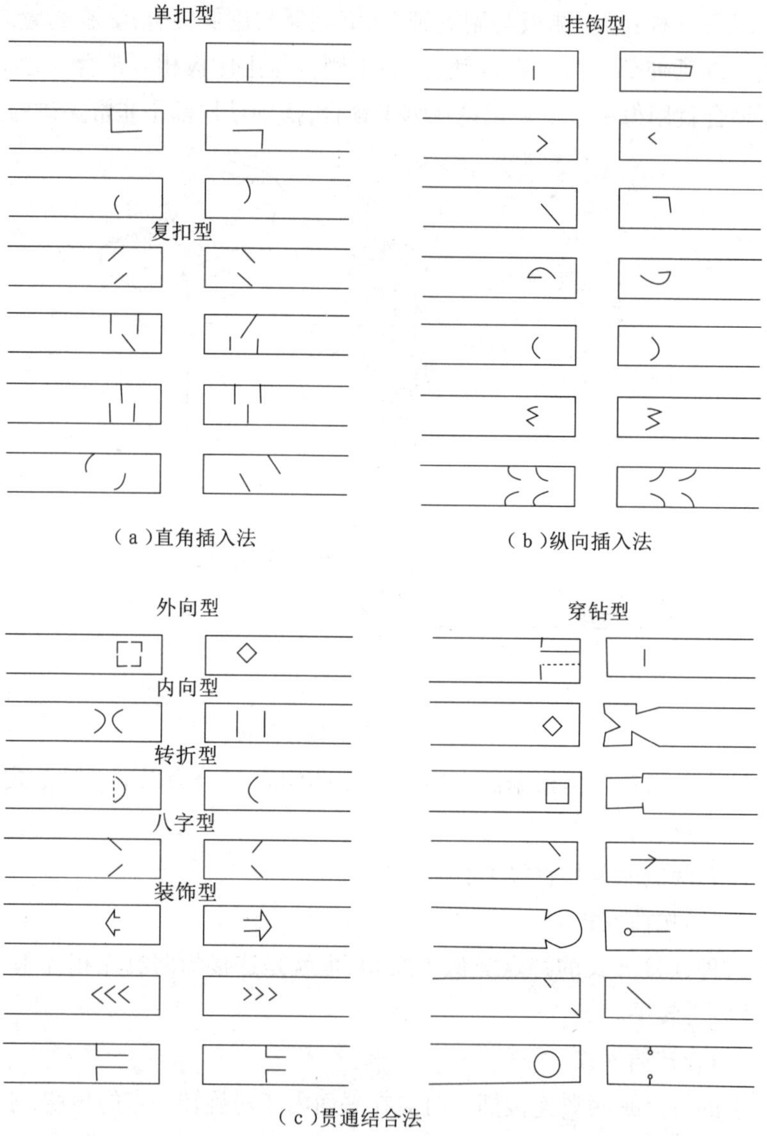

（a）直角插入法　　　　　　　（b）纵向插入法

（c）贯通结合法

图5-18　常见搭锁结构

3.黏合式简单盒角组装

盒角黏合就是将盘式折叠纸盒的侧边利用在盒角施涂黏合剂的方法黏合成型。盒角黏合可采用不同的结构：第一种如图5-19（a）所示，盒角相邻两侧的副翼均不切断，而采用平分角的形式将副翼分为全等的两部分，然后一部分涂胶相互黏合;第二种如图5-19(b)所示,将纸盒盒角的副翼与一边侧板连起来,而与另一侧板切断,然后在副翼上涂胶并与切断的侧板黏合起来成型。

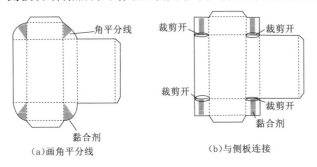

图5-19 黏合式盒角结构

(三)盘式折叠纸盒的常见结构

1.罩盖式

罩盖式折叠盘式纸盒的盒体、盒盖是两个独立的盘型结构。如图5-20所示,盘边具有一定的厚度,这样可以加强盒子侧边的强度,提高盒子的保护性,并且这样做出的底盘结实好看。从结构上讲,罩盖式盒盖与无盖的盘式折叠纸盒并无二致。盒盖可以不要5mm的盘边。此外,由于盒盖要完全罩住纸盒,所以在尺寸上要比盒底大一些,至少是每边加两张纸的厚度,才不至于太紧或者盖不上。罩盖式纸盒所采用的侧边组装结构大多为对折组装和黏合结构。在设计时,先根据内装物的尺寸确定出纸盒(盒底)的相应尺寸,然后再将盒底尺寸适当放大,即可得到盒盖尺寸。

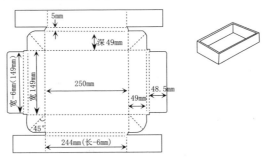

图5-20 罩盖式盘式盒

罩盖盒的结构也有一些变化。按照盒盖相对于盒体的高度,罩盖盒可分为三种类型:①天盖地式。这种盒盖完全罩住盒体,即盒盖的高度大于或等于盒体的高度,如图5-21(a)所示;②帽盖式。这种盒盖只罩住盒体靠盒口的一部分,即盒盖的高度小于盒体的高度,如图5-21(b)所示;③对扣盖式。这种盒盖是罩在盒与盖的插口上,其纸盒的总高等于盒盖高与盒体高之和,如图5-21(c)所示。

罩盖式盘式盒一般用来盛装衣服、鞋、帽等,有时也可作为礼品盒。

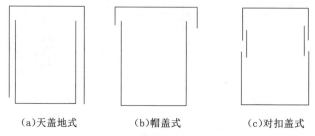

(a)天盖地式　　　　(b)帽盖式　　　　(c)对扣盖式

图5-21　罩盖式盘式盒结构

2.摇盖式

摇盖式盘式纸盒是在纸盒侧板的基础上延伸而成的铰链式摇盖,它是由一页纸板成型的全封口盘式摇盖盒。摇盖式纸盒又分为单摇盖和双摇盖两种,如图5-22所示。单摇盖就是它的盒盖只在一块侧板上延伸而成,只有一个摇盖;双摇盖的摇盖分别由两对侧的主侧板延伸而成,它有两个摇盖。摇盖盒子的盒盖固定方法,可以借鉴前面讲到的管式折叠纸盒的盒盖固定方法。摇盖式盘式盒一般用来包装食品,或作为礼品盒。

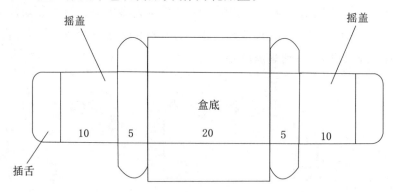

图5-22　摇盖式盘式盒

3.锁口式

锁口式盘式纸盒的盒盖类似于锁底式管式折叠纸盒的盒底结构,其设计方法也一样,此处不再赘述。锁口式盘式盒一般尺寸比较大,很多纸箱常用此结构。

4.插撇式

插撇式盘式纸盒的盒盖类似于摇翼连续折插式盒的盒盖,它将纸盒的每一个侧板都进行延伸以形成摇翼,且同样各摇翼的轮廓线或折叠线必须通过相交点O。交点的确定方法与前面讲的摇翼连续折插式盒的方法一致,这里就不再赘述,其结构如图5-23所示。由于插撇式盘式盒比较美观,一般用作小礼品的包装盒。

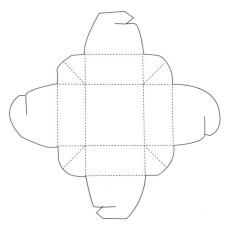

图5-23　插撇式盘式盒

四、异形盒

我们常见到的纸盒的结构是六面体四棱柱的形式,在实际应用中,为了增加盒子的美观性和展示性,有时也会对纸盒的结构进行一定的改变,使纸盒的结构更加美观,这种不规则的纸盒称为异形盒。

(一)多面纸盒

在产品功能、特点、形态等允许下,将六面体纸盒的面数进行增减,如减为五面体、四面体及三面体,或增加为七面体、八面体及十面体等,若不影响保护功能和成形工艺,这种增减能产生全新的造型感觉。

在产品功能、特点、形态等允许下,可将六面矩形包装进行切角改形,实现增面的效果,如图5-24所示。同时还可借助其他变化,形成更加独特的纸盒结构,如切角后会增加线形,将直线改变方向,或改变为不同曲率的弧线,则纸盒的外在轮廓会产生各种变化,如图5-25所示。此外,还可以改变包装面的大小比例,形成不规则的几何体包装盒。一般适合于包装糖果或小食品。

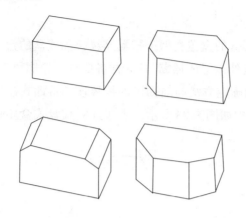

图 5-24　切割形成多面体盒

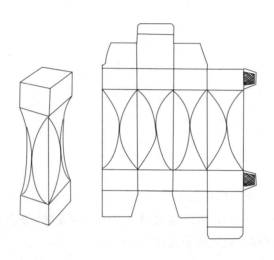

图 5-25　棱线变形形成多面体盒

(二)盒盖造型改变

由于包装在销售中或使用中所放置的位置主要在视平线以下,所以盒盖是主要的视觉面,其形态的变化对包装盒造型也起到重要的作用。

盒盖造型一般可以采用摇翼连续窝进式或曲面正揿式等方法设计成各种不同的新造型,具有很好的装饰效果,这样的结构适合包装一般性礼品或糖果等。也可以在盒盖的地方,专门设计一些立体造型结构作为装饰。但是,这里笔者要强调的是,无论什么结构的盒盖,一定先要确定盒盖的功能性,再考虑它的装饰性。

（三）便携式造型

这种方法主要是通过增加包装的提手,设计成手提式包装,使包装整体造型产生较大的变化。这类包装设计必须根据产品质量和尺寸大小以及消费对象考虑,要重视提手的人体工学因素。儿童使用的产品,把手空间要符合小孩手的大小;大人使用的产品,要选择体形装量较大的产品或装提手的横向尺寸较大的形态,对较重的产品可以使用较厚的细瓦楞纸做包装,如图5-26所示。便携式纸盒在设计的时候,提手的设计很重要。设计中一定要重视提手的强度,切口处应取圆角形,避免引力集中而撕裂。手提包装的造型有许多种,应根据不同的包装主体造型及商品特性考虑,也要考虑到结构可以在未包装商品前压扁运输和存储,在包装后提手可折叠压平不影响堆叠。

图5-26　便携式异形盒

（四）组合串联造型

不同的产品有不同的商品特性和销售方式,有些产品可采用较为生动、活泼的包装形式。组合串联造型适合一些小巧玲珑,可以成对成串或挂吊销售的商品。这种包装主要通过包装结构设计使单独形态的包装采用纸折叠成形法将单元小包装连接在一起,从而使包装造型发生较大的变化。对一些较大的商品(如酒)可以采用这种连接法,设计成礼品包装。组合串联式纸盒的设计与规则纸盒相似,只是根据串联数量及位置的不同在适当位置增加数个侧面及摇翼,如图5-27所示。

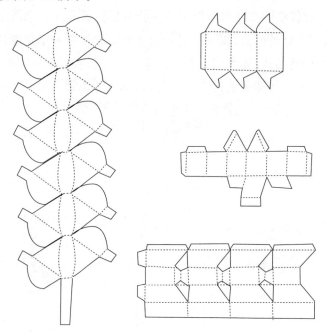

图5-27 组合串联式异形盒

（五）开窗造型

开窗造型的盒子主要是能使消费者直接看到纸盒内的产品形态、色彩,更有利于市场销售。同时,利用天窗的造型来改变纸盒整体的造型感觉,产生包装面的三维立体空间感,也能增加包装的线性对比关系,丰富平板的主视面,由开窗暴露的产品造型与色彩不但具有真实感,而且起到良好的装饰效果和减少印刷面积,降低包装成本的作用。进行天窗包装设计时要重视天窗的形状变化,有新意,并开在最能表现内装产品主要特征的部位,要注意天窗面积的大小,特别是不能降低包装的强度,而失去包装的保护性能。

第六章　包装设计的表现方法

准确的消费者定位能够最大可能地抓住消费者。商品所针对的消费群体通常是由商家确定的,因为商家对商品的市场环境更为熟悉。因此,包装设计者需要与商品的生产者进行良好地沟通,尊重商家的意见。但有一些商家希望所有的消费者都接受他的商品,殊不知大众化的设计是缺乏个性的。还有一些商品的消费群体本身就是比较广的,这就需要设计者找到一个恰当的突破点,并以某个消费群体为主要对象进行设计。

不同的消费群体会有不同的喜好,怎样才能把握住特定消费群体的喜好呢？人的兴趣、爱好会受到性别、年龄、生长环境等因素的影响而发生变化,但这也不是完全无迹可循。我们会发现儿童普遍喜欢卡通形象,因此很多针对儿童的商品包装设计会选用卡通图形;女性普遍喜欢较柔和的色彩,因此很多针对女性的商品包装设计用色会比较柔美;老人大多比较保守,因此大部分针对老人的商品包装设计会避免使用夸张的形象和色彩。此外,因地区、文化背景的不同,或是受到时代的影响,甚至是季节、气候、消费者的心情的不同,都会对消费者的喜好产生影响。

第一节　包装设计的战略定位

一、包装设计定位对象

包装设计中首先要解决的问题是针对哪个对象进行包装装潢(即是指从某一角度采用某种形式和手法,并恰当地对一件商品的包装进行设计),主要包括谁生产的商品、是什么商品、为谁生产的商品。对应于这三点,包装的对象总体上可分为品牌、商品、消费对象三方面。

（一）品牌

品牌是指一个名称、名词、符号或设计，或者是它们的组合。品牌的目的是识别某个销售者或某群销售者的商品或劳务，并使之同竞争对手的商品和劳务区别开来，也就是用来诠释"谁生产的商品"。

（二）商品

商品包括其本质属性和特点，如材料、功用、结构等，主要用来诠释"是什么商品"。

（三）消费对象

消费对象显而易见是购买这个商品的人群。老人、小孩还是中年人？高学历、高素质人群还是一般普通民众？也就是用来诠释"为谁生产的商品"。

二、设计战略定位

如何完成设计定位呢？首先，在前期调研分析的基础上，找准品牌、商品、消费对象这三个对象的相关信息和联系要点。其次，在准确把握市场、确定消费群体和了解商品及其包装需求后。最后，制订出一套完备的设计策略。下面针对品牌、商品、消费这三个对象，具体说明如何从这三个角度来制订战略定位[1]。

（一）品牌定位

品牌是一个企业的标志，从外表上看不过是企业"Logo"本身，但其中却蕴含着企业诉求、企业文化、企业理念等，是一个综合的概念。品牌定位的策略必须考虑以下三点。

1.展现商品特性

品牌设计的效果一般和商品的特性相关联，若能很好地将品牌"Logo"的视觉传达效果展现在包装中，就能让人一目了然地了解商品的特性。

图形和元素之间的层次感可以在干扰视觉的同时，突出自身所想体现的主题，这种表现方式往往是比较直接而且有效的。

2.呈现厂家信息

有很多商品生产企业以本企业名称作为品牌命名，如香奈尔5号香水。若能将商品生产企业的企业理念、企业文化和企业诉求通过品牌体现出来，就能使品牌在市场上展现其独一无二性，使消费者能全方位了解商品、体味企业。

---

[1]刘剑.基于产品语义学的文创产品包装设计研究[J].华东纸业，2022，52（1）：19-21.

在1921年5月,当香水创作师恩尼斯·鲍将他发明的多款香水呈现在香奈尔夫人面前让她选择时,香奈尔夫人毫不犹豫地选择了第五款,即为现在誉满全球的香奈尔5号香水。

3.方便消费者识别

将具有自身特色的品牌图形和符号用在包装设计中,这样能给消费者留下深刻印象,并易于和其他商品相区别,如星巴克。

但值得注意的是,在制订定位策略时,上述三点在同一品牌中不一定能同时体现出来,这也是在进行品牌定位时需要考虑的问题。而且在品牌定位中,对品牌的本体及其延伸都要认真思考,尽量通过一些形象化的方式,将品牌含义赋予设计中,从而体现商品的独一无二性。

(二)商品定位

商品是包装设计的主体对象,包装设计都是围绕商品的各个方面展开的,在进行商品定位策略的思考时,应注意以下五点。

1.区分商品种类

不同的商品有不同的外在和内在,在纷繁的商品品种中,通过包装设计将商品区分,哪怕是品种差异性很微小的商品,也应通过包装使消费者能够轻而易举地区别开来。如哈根达斯冰激凌有红糖冰激凌、香草冰激凌、牛奶巧克力冰激凌、咖啡冰激凌、西番莲冰激凌等,各种口味的冰激凌在包装中要予以区分,这样才能让消费者很轻松地找到自己想要的口味,如图6-1所示。

图6-1　区分商品种类的包装设计图

2.标明商品用途

商品有不同的口味和性质,并且具有不同的用途,这些都必须在包装中得到体现,如火柴盒包装——福特Ranger,如图6-2所示。

图6-2　标明商品用途的包装设计图

3.突出商品特色

商品特色不仅是商品占领市场的有力武器,也是使商品具有强大生命力的关键。在对商品进行包装设计时,应当突出该商品与众不同的地方,如口味丰富多样等。

4.呈现质量档次

针对不同的消费群体,商品有高、中、低三种档次,其质量也各有不同。对于不同档次的商品,其包装设计要求也各不相同。低档的商品没必要用奢华的包装,而高档的商品则必须通过适当的包装效果来呈现商品的高品位,以便表里如一。

5.说明使用方法

不同商品的使用方法也不一样,食品、果酱等都需要有详细的说明,而对于工具商品就更不用说了。只有说明了商品的使用方法,消费者才能有效、正确地使用商品,以发挥其作用。例如,Smirnoff Caipiroska饮料的包装设计与黄油的包装设计,如图6-3、图6-4所示。

图6-3 Smirnoff Caipiroska饮料的包装设计图

图6-4 Smirnoff Caipiroska黄油的包装设计图

(三)消费对象定位

消费对象是商品投放市场所面向的人群,也就是商品是给哪些人使用的。影响群体的因素很复杂,在进行设计定位时必须要准确把握,否则如果商品面向的人群与包装呈现的效果不一致,就会影响商品的销售。这里主要介绍以下几个方面以供设计者在定位时参考。

1.消费的群体对象

商品消费对象的性别、年龄、职业、文化等的不同,使商品消费对象对商品的需求也不一样,如婴幼儿和成人、小学生和大学生、男人和女人等对商品的需求就有很大区别。

2.家庭构成区别

家庭构成有大有小,因此对商品的需求也不同。商品则需要根据家庭的组成及其比例来生产,如五口之家和两口之家对商品的需求就有很大区别,如图6-5所示。

图6-5 针对家庭构成区别的设计包装示意图

3.心理因素不同

心理因素在时下最受设计界重视,设计心理学如今在设计中被考虑得更为细致周到,心理因素对商品的销售也有很大的影响,如图6-6所示。

图6-6 NOBILIN药品包装

包装设计针对的对象很丰富,涵盖的内容也很多,在设计时无法一一列举和全面呈现,这就需要包装设计者抓住重点,突出某些要素,以及充分体现商品的优势。例如,若是知名品牌,其商品应着重在品牌定位上下功夫;若是具有民族特色的商品,则应以商品定位为佳,如图6-7所示。

图6-7 民族特色商品包装图

三、消费心理

一种商品能否有良好的销售业绩必须经过市场的检验。在整个市场营销过程中,包装担任着极为重要的角色,它用自己特有的形象语言与消费者进行沟通,去影响消费者的第一情绪,使消费者第一眼看到它时就对它所包装的商品产生兴趣。它既能促进成功,也能导致失败。而且没有彰显力的包装会让消费者一扫而过。随着我国市场经济的不断发展和完善,广大消费者已日趋成熟和理性,市场逐渐显露出"买方市场"的特征。这不但加大了商品营销的难度,同时也使包装设计遇到了前所未有的挑战,促使商品的包装需要把握大众的消费心理,朝着更加科学、更高层次的方向发展。

包装成为实际商业活动中市场销售的主要行为,因此包装不可避免地与消费者的心理活动产生密切的联系。而作为包装设计者,如果不懂得消费者的心理,则会陷于盲目的状态。那么怎样才能引起消费者的注意,如何进一步激发他们的兴趣、诱发他们采取最终的购买行为,都必须涉及消费心理学的知识。因此,研究消费者的消费心理及其变化是包装设计的重要组成部分。只有掌握并合理运用消费心理规律,才能有效地改进包装设计质量,在增加商品附加值的同时,提高销售效率。

消费心理学研究表明,消费者在购买商品前后有着复杂的心理活动,而根据年龄、性别、职业、民族、文化程度、社会环境等诸多方面的差异,可以划分出众多不同的消费群体及其各不相同的消费心理特征。根据近些年来对百姓消费心理的调查结果,大体上可将消费心理特征归纳为以下几种。

（一）求实心理

大部分消费者在消费过程中的主要消费心理特征是求实心理,他们认为商品的实际效用最重要,希望商品使用方便、价廉物美,并不刻意追求商品外形的美观和款式的新颖。持有求实心理的消费群体主要是成熟的消费者、工薪阶层、家庭主妇以及老年消费群体,如图6-8所示。

图6-8　tPod茶叶包装

（二）求美心理

经济上有一定承受能力的消费者普遍存在着求美心理,他们讲究商品自身的造型及外部的包装,比较注重商品的艺术价值。持有求美心理的消费群体主要是青年人、知识阶层,而在此类群体中女性所占的比例高达75.3%。在商品类别方面,首饰、化妆品、服装、工艺品和礼品的包装需更加注重审美价值心理的表现,如图6-9所示。

图6-9　针对消费者求美心理包装设计示意

（三）求异心理

具有求异心理的消费群体主要是指35岁以下的年轻人。这类消费群体认为商品及包装的款式极为重要,他们讲究包装的新颖、独特、有个性,即要求包装的造型、色彩、图形等方面更加时尚、前卫,而对商品的使用价值和价格高低并不十分在意。在此消费群体中,少年、儿童占有相当大的比重,对他们来说,有时商品的包装比商品本身更为重要。针对这类不可忽视的消费群体,商品的包装设计更应突出新奇的特点,以满足他们自身求异心理的需求,如图6-10所示。

图6-10 针对消费者求异心理包装设计示意图

(四)从众心理

具有从众心理的消费者乐于迎合流行风气或效仿名人的作风,此类消费群体的年龄层次跨度较大,因为各种媒体对时尚及名人的大力宣传,所以促进了这种心理行为的形成。为此,包装设计应把握流行趋势,如直接推出受消费者喜欢的商品形象代言人,以提高商品的信赖度,如图6-11所示。

图6-11 针对消费者从众心理包装设计示意图

（五）求名心理

无论哪一种消费群体,都存在一定的求名心理,他们重视商品的品牌,对知名品牌有信任感和忠诚感,在经济条件允许的情况下,他们甚至不顾该商品的高价位而执意购买。因此,通过包装设计树立良好的品牌形象是商品销售成功的关键,如图6-12所示。

图6-12　针对消费者求名心理包装设计示意图

总之,消费者的心理是复杂的,很少有消费者能够长期保持一种取向。在大多数情况下,消费者可能有综合两种或两种以上的心理要求。心理的多样性追求也促使着商品包装呈现出多样化的设计风格。

第二节　包装品牌系列化设计方法

一、系列化包装设计策略

企业对于所生产的同类别的系列商品,在包装设计上采用相同或近似的色彩、图案及编排方式,以突出商品视觉形象上的统一,使消费者认识到这是同一企业的商品,从而产生自然联想,把商品与企业形象结合起来。这样做可以节约包装设计和印刷制作的费用及新商品推广所需要的庞大宣传预算,既有利于商品迅速打开销路,又强化了企业形象,如图6-13所示。

图6-13　系列化包装设计

二、等级化包装设计策略

　　消费者由于经济收入、消费目的、文化程度、审美水准、年龄层次的差异，对包装的需求心理也有所不同。因此，企业应针对不同层次的消费者的需求特点，制订不同等级的包装策略，以此来争取各个层次的消费群体，从而扩大商品的市场份额[1]，如图6-14所示。

图6-14　等级化包装设计

三、便利性包装设计策略

　　从消费者使用的角度考虑，在包装设计上采用便于携带、开启、使用或反复利用的结构，如手提式、拉环式、按钮式、卷开式、撕开式等，以此来赢取消费者的好感，如图6-15所示。

---

[1]刘勇,柳寶炫.品牌延伸系列化包装设计的表现形式研究[J].湖南包装,2018,33(3):33-36.

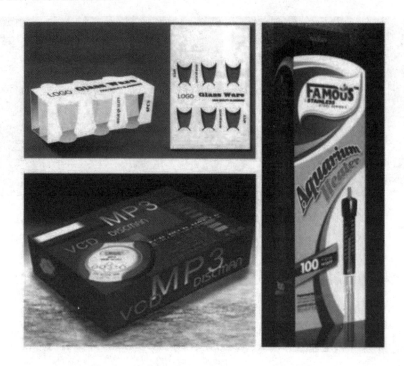

图6-15 便利性包装设计

四、配套包装设计策略

企业对相关联的系列商品采用配套包装的方式进行销售。配套包装策略有利于带动多种商品的销售，同时还能提高商品的档次，如图6-16所示。

图6-16 配套包装设计

五、附送赠品包装设计策略

在包装内附送赠品，以激发消费者的购买欲望，如图6-17所示。

图6-17 附送赠品包装设计

六、更新包装设计策略

更新包装的目的：一是改进包装，使销售不好的商品重新焕发生机，具备新的形象力和卖点；二是使销量好的商品锦上添花，顺应市场变化，从而保持商品的销售旺势和不断进步的企业和品牌形象。

通常，滞销商品的包装适合采取较大的改变，使商品以全新的势态呈现在消费者面前；而旺销商品的包装则适合采取循序渐进的更新方式，在保持商品认知度的情况下，使商品体现出充满活力而又新颖的面貌，如图6-18所示。

图6-18 更新包装设计示意图

七、复用包装设计策略

复用是指包装再利用的价值。根据目的和用途的不同，复用包装基本上可以分为两大类，一类是从回收再利用的角度来讲，另一类是从消费者的角度来讲。商品在使用后,其包装还可以作为其他用途使用,变废为宝,而且包装上的企业标识还可以起到继续扩大宣传的作用。复用包装设计策略要求设计者在设计此类包装时,要考虑到包装再利用的特点,以及提供最大复用的可能性和方便性,如图6-19所示。

图6-19 复用包装设计

八、企业协作包装设计策略

企业在开拓新的市场时,由于宣传等原因,其知名度可能并不高,而所需的广告宣传的投入费用又太大,而且很难立刻见效。这时,企业可以联合当地具有良好信誉和知名度的企业共同推出新商品,在包装设计上重点突出联手企业的形象。这是一种非常实际、有效的策略,这在国际上也是一种常用做法,如图6-20所示。

图6-20 企业协作包装设计

包装设计与企业营销策略的综合考虑不是单一的,在不同的环境下可能用到一个乃至多个策略。只有根据实际情况,在设计构思时因地制宜和综合考虑,这样才能形成具有竞争力的包装设计策略体系,才能成功地指导商品的包装设计和促进市场营销。

第三节　包装设计形式美法则

万物形态各异,色彩千变万化。我们感知世界、认识万物都源于光(自然光或人造光)的存在和视觉器官——眼睛,两者缺一就无法感受视觉中的形与色,更不能够再现艺术的创造。视觉经验中的色彩已成为现代物质和精神意识创造的必要条件。掌握色彩的基本属性在视觉艺术的创造过程中,特别是在对包装设计用色的探寻中,能够更理性、更有效地应用色彩这个魔棒,在设计的感性基础上尽情挥舞这个魔棒,并借色彩语言的象征性、凸显性,使所设计的理想包装起到锦上添花的作用❶。

包装是一种视觉艺术,人们在观看一个包装图形的同时,也是一种审美行为。在审美过程中,人们把视觉所感受到的图形用社会所公认的、相对客观的标准进行评价、分析和比较,以引起人的美感呼应。在包装设计中,应遵循如下几种美学法则。

一、"统一与变化"法则

任何一个完美的包装设计都具有统一性。图形的统一性和差异性是由人们通过观察而识别的。当图形具有统一性时,人们看了图形必然会产生畅快的感觉。这种统一性越单纯,则越有美感。所以,美的图形必然具有统一性,这是美的根本原理。但只有统一而无变化,则不能使人感到有趣味,美感也不能持久,这就是因为缺少刺激的缘故。所以,统一虽有和谐、宁静的美感,但过分的统一也会显得刻板、单调。

变化是刺激的源泉,有唤起趣味的作用,但变化也要有规律,否则无规律的变化必然引起混乱和繁杂。因此,变化必须在统一中产生。所谓在变化中求统一,主要是在构成图形美感的因素(点、线、面、体、色彩、质感、量感等)中去发现变化与统一的一致性,去寻找变化与统一的内在联系;而在统一中求变化,则是在有机联系中利用美感因素中的差异性,起到冲突或变化的作用。通常运用对比、强调、韵律等形式法则来表现美感因素的多样变化,其变化手法有简化、夸张、添加、省略、适合、变形法、几何法等,如利用同质图形的重复构

---

❶罗仕明.形式美法则在平面设计中的应用[J].包装工程,2017,38(18):270–272.

成节奏的美。在变化时应力求以简为主、以少胜多、以一当十，这样才能获得统一、和谐的美感，如图6-21所示。

图6-21 "统一与变化"法则包装设计示意图

二、"对称与均衡"法则

对称是均齐的类似型，世界万物大都是对称的。对称是人们生理和心理的要求。对称的形式多种多样，在企业标志图形设计中都采用左右对称、放射对称等对称形式。对称的构图方法有移动、反射、回转、扩大等。

均衡是在不对称中求平稳。所谓的均衡虽然具有力学上平衡的含义，但就平面图形而言，则主要是指视觉均衡。均衡可分为调和均衡与对比均衡两类。调和均衡是指同形等量，即在中轴线两面所配列的图形的形状、大小、分量相等或相同。除了图形造型的均衡外，还有量的均衡、色的均衡、力的均衡，这些标志图形在设计时必须相应考虑，如图6-22所示。

图6-22 "对称与均衡"法则包装设计示意图

三、"比拟与联想"法则

比拟是指事物意象相互之间的折射、寓意、暗示和模仿,而联想到是由一种事物到另一种事物的思维推移与呼应,它一般并不作为理性美的表示,而是与一定事物的美好形象的联想有关。联想使企业标志图形别具一格,使人对标志形象产生延展。比拟与联想的图形造型多是从自然抽象出来的几何形状接受自然现象的暗示,是带有自然主义的初级模拟造型,其特色是形式逼真、一目了然,以及对自然物进行提炼、概括、抽象、升华。寓意性的标志比较含蓄且具有一定的典故、联想和寄托,它必须设计得巧妙,能让人易记、易懂,否则会让人百思不得其解,反而降低其包装的功能,如图6-23所示。

图6-23　"比拟与联想"法则包装设计示意图

四、"节奏与韵律"法则

节奏与韵律是物体构成部分(包括图形构成)的一种有重复规律的属性。节奏的形态美就是条理性、重复性、连续性等总体形式的表现;韵律美则是抑扬节奏的一种有规律的重复、有组织的变化。节奏是韵律的条件,韵律是节奏的深化。

节奏也就是律,这种律不仅表现在音乐上,而且反映在其他方面。当物失去均衡时,则会引起运动,此种运动如有规律,则称之为律。与节奏和视觉的顺序有关,在组织视觉图像的工作过程中,视觉神经与肌肉不断地去计量和联系视觉特征上可见的差别,如色彩、明度、饱和度、质感、位置、形状、方向、间隔、大小等,或通过渐大渐小、渐多渐少、渐长渐短、渐粗渐细、渐密渐疏地变化,在色调上表现出渐强渐弱、渐深渐浅等渐变。在包装图形设计中,如果将线的长短、粗细、曲直、方位等进行不同的变化和巧妙地结合,便会创造出不同美感的律的形式。律的形式归纳起来分为循环体、反复体及连续体,如图6-24所示。

图6-24　"节奏与韵律"法则包装设计示意图

五、"重复与呼应"法则

重复就是相同的物体再次或多次出现,即反复再现。反复能使人印象加深。同一基本形有规律地反复排列组合,它所表现的是一种有秩序的美。重复构成是依据整体大于局部的原理,它强调形象的连续性和秩序性。因此重复的目的在于强调,也就是形象地重复出现在视觉上,既起到了整体强化的作用,又加深了人的印象和记忆。

重复的这些特征和原理被广泛运用于各类设计中,有些设计直接用重复形式来表现形象,如招贴的图形编排采用重复形式;还有的设计则将重复的原理融入其中,如包装中的系列包装,就是运用了整体大于局部的原理,使商品家族化,形成较强的冲击力。重复的原理特征除了在设计中被运用外,它还非常实用,如招贴的重复张贴、商品的重复摆置等,这些所造成的冲击力给观者留下了较深刻的印象。

呼应是事物之间相互照应、互相联系的一种对应形式,如一呼百应、前呼后应、遥相呼应等。良好的呼应关系会产生视觉心理上的统一感和完整感。呼应体现在相同因素的遥相呼应上。在包装设计中,一个图案或一种形态的单独出现会有孤立无援、势单力薄的感觉,若在整体感觉构成形式上构成一种联系,即为呼应关系,如图6-25所示。

图6-25　"重复与呼应"法则包装设计示意图

六、"调和与对比"法则

调和即整齐划一、多样统一。调和是设计形式美的内容,其具体内容包括表现手法的统一、形体的相通、线面的共调、色彩的和谐等。如果利用这些构成的差异性,采取不同的艺术效果,以差异大者为对比,表现为互相作用、相互烘托,能够鲜明地突出个性。

在包装设计中,对比、调和的应用极广,如在大小、方向、虚实、高低、粗细、宽窄、长短、凹凸、曲直、多少、厚薄、上升下降、集中分散、动静、离心与向心及奇数与偶数等的对比中。对比是包装图形取得视觉特征的途径,调和则是包装完整、统一的保证,如图6-26所示。

图6-26　"调和与对比"法则包装设计示意图

七、"比例与尺度"法则

任何一个完美的图形都必须具备协调的比例、尺度。良好的比例关系应符合理性美的原则。比例即是运用几何的数理逻辑来表现图形的形式美。在包装图形中,常用的比例有整数比、相加级数比、相差级数比、等比级数比、黄金比等,如图6-27所示。

图6-27 "比例与尺度"法则包装设计示意图

可见,包装设计的形式美法则不能孤立和片面地理解,因为一个完美图形的设计往往要综合利用多种法则来表现。这些法则应是相互依赖、相互渗透、相互穿插、相互重叠、相互促进的。随着时代的变化,审美标准、设计手法也在不断发展,好的包装图形总是由好的寓意与恰当的形式相结合而形成的。

第七章　中国传统文化元素在包装设计中的表达

第一节　中国传统文化元素概述

一、包装设计中的中国传统色彩元素

色彩对于包装设计是十分重要的,消费者在查看一款商品的时候首先看到的是商品的色彩,其次才是包装的图案,最后是包装的文字。而包装设计中的图案和文字同样需要颜色的配合和烘托。色彩还可以通过人们的联想而产生特定的情感表达,这些都说明了颜色对于包装设计的重要性。中国传统色彩同样是中国传统文化积累和沉淀的结果,不同的颜色反映着不同的民族特色和文化特色,具有很强的装饰性和艺术表现。因此,在现代包装设计中应该充分考虑中国传统色彩的象征和用色习惯。例如,在中国传统色彩中,红色和黄色是被运用最多的颜色,因为在中国传统文化中,红色象征着吉祥而黄色则象征着富贵。这样的色彩文化随着几千年的文化传承已经深入人心,是每个人在进行色彩判断时主要的色彩联想和色彩感知。所以,在进行现代的包装设计,红色和黄色是表达喜庆情感的重要颜色。例如,在一款名为"龙凤呈祥"的月饼包装设计中,设计者选用了大面积的红色和黄色作为包装的主要色调,并配合龙凤盘绕的图案突出了节日中喜庆、团圆的主题。这款设计也凭借着对颜色的合理搭配和精心设计获得了当年"广东之星"艺术设计大赛的银奖。再如,获得了"第二届中国国际茶叶包装金奖"的"紫禁贡"国礼茶的包装设计作品中,设计者同样选用了红色和黄色作为包装的主色调既体现了富贵、福寿的象征,又表现了喜庆、热烈的气氛。由于国礼茶是国家在进行国际交往中赠

送的礼品茶,所以设计者选用了具有中国传统文化思想的红色和黄色,配合了包装设计中紫禁城城门的造型并表现出一种强烈的富丽高贵的感觉,这使该商品的品位和赠送附加值大幅提高,从而从同类商品中脱颖而出[1]。

中国传统色彩中红、黄、蓝、白、黑是基本的五种颜色,并由这五种颜色组合、衍生出多种不同的颜色。五种基本颜色分别都有着特殊的文化内涵和情感内容,因此,在包装设计的颜色运用时应该充分考虑颜色的特点,以便灵活使用。例如,在女性化妆品的包装中往往选用红色和白色之间过渡的粉红、桃红、玫瑰等颜色,从而既表达出女性的艳丽、漂亮,又表达出女性的端庄、典雅。在这里,设计师调和的不仅是两种文化,还包括两种文化所代表的情感;而在男性化妆品的包装设计中往往选用黑色和白色的混搭,黑色表现男性的庄严,白色则表现男性的干练,两种颜色代表男性的两种不同的主要品质和性格。由此可见,即使是在同类产品中,由于消费对象不同所以选用的颜色并不相同,甚至截然相反,这一点尤其表现在医药产品中。例如,在一些镇静类药物中往往采用蓝色和白色;在一些滋补、营养类药物中往往采用红色和黄色。而一旦违反色彩本身的情感属性,则会对包装设计起到反作用。例如,传统五色中的红色和黄色是一种刺激性很强的颜色,能使人的大脑皮层处于兴奋状态,瞳孔放大,心跳加速。所以同样是红色,就不适合使用在镇静、安眠、降血压、解热、镇痛药品的包装设计上,而只能用于上文所述的滋补类药物中。

二、包装设计中的中国传统图案元素

图案是早于文字而产生的人类文化的典型元素。早在原始社会,人类便创造了专门用于信息交流的各种图案和符号,并在之后漫长的发展过程中形成了不同民族独有的图案文化。在中国传统文化中,图案是重要的文化元素。在中国传统文化漫长的积淀中,中国传统图案形成了独特的文化风格和艺术风格,并且体现着不同年代的文化背景。中国传统图案历史悠久、形色各异,极具文化内涵。例如,在早期时代的彩陶上,我们能够看到以简洁明快为主要艺术风格的装饰图案,内容也多是简单的人物、动物、植物或者几何图案造型,反映了当时人们原始的图腾崇拜;而在商周时期的青铜器上,我们便可以看到相对复杂的龙纹、鱼纹、云纹等装饰造型,图案的组合相对复杂,反映了当时不同阶级人们之间的等级差异。

中国传统图案体现着中国文化的修养和艺术品位,具有深厚的生存土壤,

---

[1]孙思洁,李浩然.中国传统色彩在现代包装设计中的审美意境[J].流行色,2021(12):60-61.

被广泛运用到包装设计之中,体现着图必有意,意必吉祥的文化内涵。同时,由于中国传统图案符合中国传统文化中的审美规律,因此,可以给现代包装设计提供无限的设计灵感。例如,在山西杏花村酒的包装设计中,设计者首先通过杏花、牧童等这些中国传统图案绘制出"牧童遥指杏花村"的诗情画意,然后在画面周围配合龙凤纹饰表达了传统图案中吉祥如意的美好愿望。整个瓶身采用圆形造型,凸显了中国传统文化中"圆满、和谐"的文化主题。整个瓶身的包装设计从造型到图案上都体现着杏花村酒悠久的历史文化同现代生活元素相融合的思想,寓意风清典雅、富贵吉祥。通过图案语言使这款酒蕴含着和平、幸福与富贵的美好愿望。

中国传统图案是中国传统文化内涵的体现,所以通常表达为美好的形象和人们对吉祥、如意生活的向往。中国传统图案中多是吉祥如意的事物造型,如表达福、禄、寿、喜的图案被运用到中国传统绘画的各个地方。而人们对这些传统图案的认可和喜爱也是代代传承,直到今天。这些传统的美好图案运用到现代的包装设计中,自然使得包装设计产生了更加强烈的形式感和更加深刻的寓意,满足了人们的审美需求,并给人们带来了喜悦的感受。当然,在现代包装设计中对于传统图案的借用不是完全的照搬,而是在原有图案的基础上加入现代的文化元素,这样才能使包装设计既有传统的文化底蕴又有现代的时代气息。例如,在中国传统图案中"圆"是重要的图形元素,它是中国"和"的传统文化思想的集中体现,代表团圆,美满的意思。所以,很多中国节日特色食品都用圆形作为基本造型,如月饼、元宵等。但在现代的月饼设计中,我们看到了一种包装为三角形的月饼,这无疑是对传统元素和传统文化的颠覆,但令人拍案叫绝的是这款三角形的月饼在最后包装时,是将多个三角形的月饼盒子组合在一起恰恰又形成了一个圆形,更加凸显了"和"的文化思想,是将中国的传统图案和现代创新思想融合的典型例子。再如,在现代的室内壁砖设计上,引入了一些古代壁画的图案,有古代的马车、古代的侍女等。当然这些图案不可能布满整个墙壁,而是在墙壁的某一行或者某几行起到点缀的作用。整个墙壁的壁砖仍然是现代的白色造型或者浅色的造型,再配合一些古典的传统图案不但可以使得墙壁的图案更加生动,还可以起到提升墙壁装饰文化内涵和审美艺术的作用。现代包装设计中的中国传统图案的运用宗旨便是将中国传统文化与现代设计思想融合在一起,通过图案提升包装的文化内涵,同时也通过包装宣传了中国传统文化,两者在融合中互相促进。

三、包装设计中的中国传统汉语言文化元素

中国传统汉语言文化是指汉字及其衍生出的汉字书法。汉字是世界上最古老的文字之一,也是世界上连续使用时间最长的文字。汉字同中国传统图案一样,是中国传统文化和历史的传承者和记录者。在漫长的历史年代,汉字在其自身的发展过程中形成了不同的字体、字形,而且由于汉字书写工具——毛笔的特性,在书写过程中更是发展出不同的书法艺术。无论是汉字还是其书法都是中国传统文化中重要的元素。不同的汉字字体、字形、书法同时也体现着不同年代的文化背景。汉字是象形文字,所以每一个汉字的产生都有着传说和故事。从这个角度看每一个汉字都是一幅极具文化内涵的图画。

包装设计中的汉字元素不仅可以表达物品的信息,还可以表达特殊的文化内涵,提升物品的文化档次。例如,在杭州龙井茶的设计上,"西湖龙井"四个字不但表达了商品的信息,还被设计成灯笼的形状,表现出和谐、美满、团圆、吉祥的含义。旁边的"茶"字用毛笔写出并且对字形进行了精心的设计和调整,草字头被设计成篱笆的形状,下面的部分则被设计成农舍的形状,整个文字便是一幅乡村气息浓郁的农舍画面。包装设计中的文字很好地表现了茶文化本身所代表的中国传统文化,再配合包装周围一些简单的水墨写意画,整个包装就是一个充满诗情画意、幽雅恬静的世外桃源,引起人们想在远离尘嚣的地方悠闲品茶的强烈欲望。汉字复杂却又富有内涵的笔画组合为汉字的表现力提供了丰富的变化,像上例中对于汉字字形的变化设计在现代包装设计中比比皆是。而汉字本身不同的字形、字体也为不同风格的包装设计提供了丰富的变化。例如,在化妆品的包装设计中往往运用优美、柔和、纤巧、精细的文字造型;在医药产品的包装设计中往往运用简洁、明快、清晰的文字造型;在体育产品的包装设计中往往运用刚劲、有力、强硬的文字造型;在儿童产品的包装设计中往往运用可爱、简单、柔和的文字造型。不同的文字造型不但可以反映出不同的文化内涵,还可以反映出不同的情感色彩,对于包装设计的文化和情感表达起到了画龙点睛的作用。

包装设计中不但可以运用汉字元素提升产品的文化质量和情感色彩,还可以通过汉字特有的书法艺术来对产品包装设计进行升华。例如,在一款中国民间小吃的包装中,包装中央用毛笔写成隶书"民间"二字,运用中国传统的中国红,并辅以中国的剪纸艺术,普通的两个字却附加了多重的文化元素,这是其他文字所无法表现的文化内涵。整个设计以中国的书法为主要载体,并将其他的文化元素有机地融合在一起,凸显了小吃本身所具有的悠久历史和

文化传承,醒目地表达了包装设计中所要突出的文化意义。通过这个例子可以看出书法在包装设计中的一些独特的文化优势。

1.中国书法线条灵活

由于毛笔的粗细不同还可以根据运笔的力度和角度书写出不同的粗细线条,所以,在线条的表现上能够表现出更加丰富的内容和情感。随着线条的粗细还可以表现出不同的厚薄、圆方、疏密、浓淡等多种线条元素,为包装设计主题的表达起到很好的辅助作用。

2.书法是具体和抽象,情感和象征的统一

汉字本身是具有具体内容的象形文字,但经过书法的抽象可以抽象地表达出更加丰富的情感和象征含义。书法不仅是一个人书写技术的反映,同时也是一个人文化修养和个人情操的体现。包装设计中的书法运用可以更加突出地表达出设计者所要表达的情感和文化内涵。

四、书法元素与解析

(一)书法

书法是借助汉字的独特构形,运用独特的工具材料与书写技法,表达书者主观精神的创造性活动。书法简单地说就是汉字的书写法则与书写艺术。

书法之所以能发展成为独特的艺术形式,主要体现在以下几个方面,见表7-1。

表7-1 书法成为独特艺术形式的原因及解析

原因	解析
汉字本身具有艺术素质	汉字是以"象形"为基础的、构造独特的表意文字,不同于表音文字,这是汉字发展成一门艺术的前提条件。汉字以多样的笔画组成,构形具备多变性和可塑性,因而具备了艺术表现的可能性
汉字字体具有多样性	汉字在自身发展过程中形成了篆、隶、行、草、楷等书体,使汉字构形具备多样变化的特点。不同书体具有风格迥异的审美趣味
书法具体特殊的工具材料	书法具有特殊的工具材料——笔、墨、纸、砚,它们为书法艺术表现提供了物质条件。毛笔质柔,有弹性,能表现出刚柔、快慢、强弱等不同效果;墨性情温和,与水调和可以产生浓、淡、干、湿的层次变化;宣纸质柔、吸附性强,能反映出笔墨的细微变化。三者结合可以产生多彩的墨韵效果,使线条质感具备了丰富多变的表现力
书法是书者客观化、社会化了的主观情感	书者充分利用汉字构形的多变性,可塑性及工具材料的表现力,可以自由地表达出自己的性情和理趣,从而"达其情性,形其哀乐"。书法中的情感寓意丰富,既包含审美取向,又包含人格境界等伦理、道德、精神、文化内涵,是一种社会化、客观化了的主观情感,具有稳定持久的特征

(二)书法的特征表达

1.使用功能与艺术欣赏相结合

书法是汉字书写方法的升华。汉字是中华民族精神文明的重要载体,是国家管理和人们生产生活中不可或缺的重要工具。书法艺术在汉字的使用过程中产生出来,并有力地推动和拓展了汉字的使用效果。历史上,书法使用功能是第一位的,艺术欣赏功能是第二位的。在使用过程中,书写者有意无意萌发了写好汉字的"美学意识",并逐步使之成为一种专供欣赏的艺术,这是由汉字特殊的形式结构和书写工具决定的,同时也反映了中国人文精神的提升。

古代传统书法艺术以多种表现形式,展示了书法艺术的特殊魅力,为书法艺术提供了广阔的舞台。虽然在现代社会中,毛笔传统书法的应用性减少了,但书法艺术服务社会的目的和特性不会改变。汉字是工具,但它的书写又形成了一种特殊的艺术,一种幽邃、高雅、含蕴、深远的,使人能够得到教益、熏陶、感染、启发的艺术。

2.书法属于社会管理范畴

书法本不是艺术,发展成为一门艺术的原因是受到了社会的认可和人们的广泛热爱。这是因为书法艺术不仅产生了美的艺术效果,而且更重要的是书法属于社会管理范畴的重要组成部分。

(1)书法是社会管理和统治的工具

书法作为文字的表象特征以其书写过程与效果,代表了国家的形象和统治阶级的权力,最早的甲骨文、钟鼎铭文以精美的文字所记录王的功德事迹足以证明这一点。书法艺术以不同时代的宇宙观、哲学和精神情操为内涵,确定具体形象的审美标准,集中反映了古代知识分子的追求与人生目标,并进而根据字迹来确定社会各阶层人们的地位,提出"字如其人"的社会艺术价值观。书法艺术是古代教育的主要内容,是国家择士的前提标准,是衡量一个人文化水平的重要因素;同时,书法艺术作品具有"珍宝"的收藏价值,也是社会财富的组成部分。

(2)书法融入中国其他传统艺术之中

书法是"艺中之艺",书法艺术可以给人们带来诸多方面的收获和益处。例如,可以利用书写从文辞中学习文学、历史知识,有益于辅助文化学习和教育;能够使人感受到积极健康、昂扬向上的精神情操;有益于排除不良心绪,转移人的注意力或者激发人的情感;可以调整气息血脉,促进人身体内部深层次循环系统的运动,促进身心健康;可以建立文明高雅、独立自由的生活方式;可以建立高尚文明的社会关系,增进人与人之间的友谊;等等。上述收获和益处,使书法艺术形式受到了社会的普遍认可和喜爱。

(3)书法具有最为广泛的欣赏群体

书法艺术性与社会性的结合,还表现在它有着最为广泛的欣赏群体。中国有文化的人都能看懂汉字,都有欣赏书法艺术的能力和批评的权力。因而,没有任何一种艺术的欣赏与批评,能够像书法一样拥有那么大的社会影响力,这正是书法艺术家不能不重视的问题。

3.技法技巧与书写工具相结合

任何艺术,都有其特殊的表现形式,并通过运用特殊的技法技巧,创造出常人难以企及的艺术表现效果。书法艺术的特殊表现效果,也是由特殊书写工具和运用特殊技法实现的。传统书法艺术的基本工具是中国圆锥体毛笔、墨和纸张,通过书写出黑色线条来实现书法语言的表达。这种极为简单的表现形式,能够产生出强烈的表现效果,这一方面取决于具有特殊表现效果的工具,另一方面则取决于书写者运用了难度很大的书写技法技巧,从而创造出了具有极高"美学意义"的文字造型和图像效果,并给人以视觉上的表现力和感染力。人们在书法艺术的发展过程中,为了追求新的艺术表现效果,又会去创造新的书写工具并探索新的技法技巧,从而不断推动书法艺术的前进和进步。历史上,书法艺术的重大突破往往都是由于书法家创造了新的书写工具或运用了新的书写技巧,并产生出了新的书写效果,从而使书法美学的表现力得到了拓展。从艺术逻辑上来认识,书写工具、书写技巧与书艺效果三位一体,共同推动了书艺发展。因此,人们没有理由阻碍上述任何一个因素的创造。

4.书法以文辞内容为依托

书法艺术是一种技艺性很强的艺术形式。但是书法艺术却不单纯是对书写工具运用技法、技巧的展示,而是对具有特定文学内容的人的思想情感所进行的艺术表现,以使欣赏者从中产生共鸣。所以说,书法艺术是在运用笔画线条的效果来表现书写内容的情感和思想,这就决定了书法艺术不可能脱离文辞而独立存在。书写者有时书写的本意可能并不在于书写的内容,但是其却依然无法离开文学内容,去单纯地书写没有内容的文字。书写者有时因内容而触发了书写的欲望;有时则为了展示书写的技法技巧,去选择自己书写的内容。然而,无论怎样书写,他都必须首先选择和明确书写的文辞内容。

实际上,文辞内容的水平,对书写者的创作实践活动及欣赏效果,均具有重要影响。书法艺术的欣赏者只有通过文辞内容,才能更准确、更深刻地读懂书法的艺术语言。例如,王羲之写的《兰亭序》,他是在那种黑暗的社会中间的一种理性的追求;而颜真卿写的《祭侄稿》,是对民族斗争的血与火的这种情感的抒怀,他用他的纯熟技术,把它表达出来,这个艺术肯定是感人的。

许多人在书法创作中为什么会选择古代诗词佳作,尤其是那些脍炙人口的诗词呢? 恰恰是因为在这些诗词中,书法家的创作意识得到了提升,并且更能得到广大欣赏者的共鸣。

5.共性的美学标准与个性的艺术风格

任何艺术,都有共性的美学标准和个性的艺术风格,从而构成了既有普遍意义又有特殊价值的多种艺术表现形式。

书法艺术的共性美,表现在一定时间、空间条件下,人们由于社会意识的趋同,因而对书写效果达成了普遍的审美意识和标准。例如,从时间上,人们对某种书体、字形及具有代表意义的艺术家产生了共识;从空间上,不同环境、不同地域的人也会对同一时代的某种书风产生共识。书法艺术的共性美,是社会意识对书法艺术影响的结果。尤其是在封建社会时代,统治者的认识,有可能牵引社会的普遍认识。这种所谓共性美的认识,有可能形成具有普遍社会意义的时代书风。然而,有时共性美与时代书风未必都会产生积极效果,因为它可能会阻碍书法艺术的繁荣发展。

书法艺术的个性美,指的是具体书法家个人的艺术风格。近千年来,无数有创新意义的书法家,引领了书法艺术的不断发展,成为后人学习、仿效的楷模。不断学习前人、变革前人,形成新的风格和产生新的书法艺术家,是书法艺术发展的不懈动力。

书法艺术的共性美寓于个性美之中。实质上共性美是对某一种个性美的社会共识和推崇。共性美与个性美在"否定之否定"中运动、变化、发展。共性美是相对的,具有创造意义的个性美会在新的环境下形成新的共性美。当代周俊杰先生在《书法艺术形式的美学描述》一文中指出:中国书法艺术,要求有个性,且是强烈的个性,它的特征是不可重复性。我们所谈论的书法艺术和具有创造精神的、高层次的艺术作品,与被动的、照搬古人或照搬现实生活的描摹毫无关系。历史上,凡无个性而仅仅随人后作诗的"书家"是没有任何地位的。时代、社会、人民需要新的、不同于前人的、具有鲜明个性的书法艺术作品,否则,我们将会愧对前人、愧对历史、愧对现代,从而造成我们这个时代的空白。

（三）书法之线条解析

1.书法线条的质感

在书法中,任何一条线都有它特定的情调。有的线条轻捷、飘忽、灵动;有的线条稳重、端庄、不无严肃之感;有的线条艰涩,给人以挣扎感。这种简单的描述与人们的感觉多少会有吻合之处,相信这些线条会引起因人而异、但基调接近的感觉。

书法中的线条,其"表情"在于笔法和墨法。墨法是指对线条墨色浓度、渗化状况的控制。明代中期以前,书法的墨法较为简单,一般使用深沉、浓重墨色或使用淡墨以求迅捷;明代中期以后,由于水墨画的发展,加之不少书法家兼为画家,写意水墨画中对水、墨的控制技巧有意无意地被带入书法创作中;到了清代,虽然除朱耷以外人们很少在墨色的丰富层次方面继续追求,但对不同墨色的表现力却有自己独特的见解;到了现代,由于一部分人明确追求书法作品中的"画意",人们对水墨的运用执意加以探索。虽然过分追求绘画的水墨效果会影响到线条自身的表现力,但是在一些成功的作品中,墨色变化自然,与线条的运动节奏、结构变化融为一体,收到了很好的艺术效果。

需要注意的是,书法创作所使用的工具和材料对书法艺术表现力会有影响。例如,由于水、墨对纸张变化无穷的渗化效果,加上毛笔笔毫部分与纸相触时可能产生的无限变化,从而使书法线条对运动具有极为敏锐的感应能力。

2.书法线条的情感

艺术来源于生活,更高于生活。这是因为艺术中的情感效应。而在书法艺术中,线条与情感互相依赖的两面,即情感的运动只有依靠线条的律动来表现,而线的运动只有以情感的运动作为必要而充分的心理依据。正是在这一点上,书法成为同人类情感活动最为贴近的视觉艺术。

人们之所以会被书法艺术家的作品所吸引,正是因为他们能从书法作品中感受真谛,那被感受到的一切,实际上都被集中在一个点、一条线上。这是一种含蕴无限丰富,而又特别单纯、特别明晰的情感,它是在漫长的岁月中,在一个民族性格形成的历史中所完成的伟大的抽象表现。

五、国画元素与解析

（一）国画的特征分析

1.形象性

绘画艺术形象是无比广泛的、多彩的。不仅有人物形象,而且有动人的自然景色,欢乐或哀伤的思绪,热闹的生活场面,一种气氛、一种情趣都是艺术形象。不管绘画艺术形象多么广泛多样,艺术表现手段如何不同,完整的绘画艺术形象都必须包括两个方面,即作品中出现的具体的景象、事物以及透过这些景象、事物显露或暗示的内部意蕴。中国画美学所说的"意境"就是这种艺术形象,即所谓"言外之意""情景交融"。

2.情感性

在中国画论中有"感物而动,情即生焉"的说法,情感是与形象俱生的,画家塑造与形象与表达情感实际上是一回事,是一种行为的两种效果,形象悦目,情感赏心。如果离开了形象,情感就会等于零。中国画表现的对象如果缺少或没有感情,绘画就会缺少和失去内容。山水花鸟画大多不表现太多的社会内容和道德思想,也无须包含很多认识价值,但情感却是必不可少的。例如,齐白石画的虾、徐悲鸿画的马、黄宾虹画的山,很难说明它们认识了什么,具有什么重要意义,其之所以仍是优秀艺术,是因为人们喜爱这类作品,靠的是它们表现了某种情感和趣味。齐白石画的"十里蛙声出山泉"中的小蝌蚪难道不是表现了老人对幼小生命的炽爱吗?即使是表现深刻思想和道德因素的艺术,也不能取消感情因素,而且要使艺术中的思想因素情感化、形象化。

情感作为绘画艺术的对象,主要是指创作客体的情感——具有普遍性的情感,即包含在特定的个性形态中的一定时代、民族、阶级的情感。它们具有一定的理性因素,也称为社会性情感,如爱憎、善恶、悲欢、喜怒、亲疏等。

3.典型性

典型形象要求对现实生活达到从感性到理性、从现象到本质、从偶然到必然的深刻认识程度,要求这种认识具有一定的客观真理性——这就是艺术形象的真;同时,艺术形象又充满着艺术家对现实生活的情感态度、主观评价和褒贬倾向,要求它符合社会发展的方向,符合审美理想,符合生活的理想,对社会的发展具有一定的建设性——这就是艺术形象的善;艺术形象还必须是审美对象,要求既要按照美的规律创造艺术意象,也要按照美的规律创造艺术物象,达到意象与物象的完美统一——这就是艺术形象的美。虽然不是所有中国画的艺术形象都能达到真、善、美三者的统一,但这是中国画创作所应追求的目标。真、善、美高度统一的艺术形象才是艺术典型。

我国古代画论的意境说、形神说、情景说、情理说都是艺术典型说,即现实的真实与理想的真实的统一,现实的真实与本质的真实的统一,细节和整体的统一,环境和人的统一。总之,艺术典型在统一中求真、求善,更要求美。

个性——真实的、偶然的现象形态是艺术典型的形式,共性——高度真实的、必然的本质规律现象是艺术典型的内容。中国画艺术典型应是形式与内容的统一,再现与表现的统一,是个别性和概括性高度统一的典型化程度最高的完美的艺术形象。

艺术形象、典型形象、艺术典型三者之区别在于典型化程度的高低。

4.审美性

从艺术的审美特征来看,艺术是人对社会生活的审美判断的集中表现,也是美的集中表现。画家创作作品,主要是提供一种审美欣赏价值,为满足视觉、大脑觉得审美欣赏而存在的,审美欣赏是一种精神的享受,不像味觉、嗅觉、触觉是对物质的享受、需要与占有。人们审美经验越丰富,审美感受也越丰富深刻。

5.幻象性

形象性、情感性、典型性、审美性等几乎是所有艺术共有的特征,而中国画还有显著地不同于其他艺术的专业特征,具体包括视觉幻象、空间幻象和凝固幻象三种。

(1)视觉幻象

中国画是专门为视觉而存在的,可视性具有直观可辨和客观再现的属性。

中国画的可视形象只是一种视觉幻象,可以视觉而不可以触觉来欣赏,也不能动作,如同彩虹、海市蜃楼,可望不可即。我们在沙盘上作画,如果将沙子抚平,画的图画便消失了,而沙子还是沙子;在黑板上用粉笔作画,将黑板上的画用擦子一抹,图画便消失了,可黑板和粉笔灰依然存在。一头自然中的牛,在漆黑的夜晚,人们通过触摸能知道它的存在;可是一幅画上的牛,在漆黑的夜晚我们触摸不到它的存在,所以绘画形象是虚幻的。但它不像梦幻中的幻象仅是一种精神意识,而是要附在一定的现实存在的物质材料上。中国画的物质材料仅是一种媒介物,它们本身不是什么艺术形象。

镜子和平静的水面本身也是物质材料,反映在其中的影像是一种视觉幻象,但它与绘画幻象有本质的不同。因为绘画幻象与现实的物象毫无直接关联。而镜子和水面影像是现实物象的直接投影,它随现实物象的存在而存在、消失而消失。而绘画幻象是可创造的,墨汁、炭粉、颜料被中国画家搬到纸上移来移去,排列组合成一种新的物理对象。绘画的视觉形象是全新的,现实中任何时候,任何地方都未见到过与它同样的东西,所以是创造的。这就是那种只有形象而无形体、只能被视觉感知的事物(绘画),不能像感知普通物理事物那样去把握它,它仅仅存在于视觉之中。这种情势使我们既不相信也不否认绘画中所呈现的事物的存在。

(2)空间幻象

绘画的空间,实际上只是一种以二度空间形式存在的创造的空间,视觉的空间,它只能被视觉感知,而且不是真实的、现实的空间,仅是一种虚构的空间,是一种空间幻象。因此,绘画也叫空间艺术、平面艺术。

空间幻象只是纯粹的色与线的构造物。它占领的空间只对视觉存在,没有光线,它就不存在了。对空间幻象而言,色与线是永恒的,而变化的只是色与线所构成的各种比例关系。色和线本身没有意义,绘画不是色和线本身,而是构成的那种空间幻象。绘画空间只是现实对象对点、线、面、体的一种逻辑推理形式。我们不能接触其体,也不能置身其中。绘画空间从触觉角度说是虚幻的,从视觉角度来说作为一、二度空间是客观存在的,但对于现实而言它是模拟的,从逻辑的角度来说却又是接近真实的,就是说现实空间以接近真实的比例关系存在于绘画里。

中国画的空间幻象形态可塑性很强,可以是天空宇宙,也可以是针眼秋毫;可以是高山大海,也可以是蚊虫细蚁;可表现开放空间,也可表现封闭空间。所以随之而来的是它表现对象的无限广阔性,几乎宇宙间只要具有外表客观形态的有形事物都可以表现,大至天体星象,小至细胞原子。中国画应用也很广泛,泥塑身上的彩绘,汉画,砖刻,工艺美术设计,建筑物的装饰,人体的文身与脸谱化妆,以及戏剧舞台美术、语言形象符号等都离不开中国画。

(3)凝固幻象

中国画形象的构成要素是从现实物体上抽象出来的纯粹的色彩和线条,而不是实际的存在现象。这些要素的表象不仅本身不能与物质材料相比较,就是它们的内质机能也不能与物质机能做比较,因此,需要比较的是由这些要素构成的产品——表现性的形式或艺术品的特征与生命本身的特征,是这两种特征之间的象征性联系。换句话说,我们对绘画的要求不是用虚幻的静态去比较静态物质,而是去联想静态中的动态,即运动——生命。

静态物质是运动的中止和运动的轨迹,从轨迹的形态可以推断运动的形态。研究中国画形象的凝固特性实质上是研究中国画中点与线的凝固特性。

中国画中的空间是与一种真实空间的变形一样。这一变了形的现实实际上是流动的客观现实的一种短暂的时间片断,在这一时间片断中集中了许多互相矛盾又相互混融在一起的强烈的情感意识。这一瞬间对读者来说同样是极为重要的。因此作为静态的空间艺术——中国画,只是选取运动过程的一瞬间,一个凝固的片段,虽然这幅绘画里的事物是那样无头无尾,无开始无结束,无过程,不知从何而来,又从何而去? 但由于它是运动时间的产物和投影,是时间的站点,因此,我们可以从中推断出一定的运动过程和时间,可以变静止的空间观念为动态的时间观念。

(二)中国画的风格解读

1.民族风格

由相同的社会结构、经济生活、自然环境、风俗习惯、艺术传统,尤其是共同的心理状态、审美观点等因素所形成的特定民族的统一性艺术特色,就是艺术民族风格。

民族风格是一个民族共同体稳定而又成熟的重要标志,根据民族风格我们能毫不费力地区分西方绘画和中国画。法国作家、哲学家伏尔泰曾经说过:"从写作的风格来认出一个意大利人、一个法国人、一个美国人或一个西班牙人,就像从他面孔的轮廓,他的发音和他的行动举止来认出他的国籍一样容易。"只有民族风格强烈的艺术在世界艺术之林中才会具有鲜明的个性和不可替代的存在地位,才能丰富世界艺术宝库,给世界艺术增添异彩。因此,就像越是民族性的绘画才越具世界性的道理,只要人类社会存在,就永远不会过时。只有运用民族风格鲜明的绘画艺术反映本民族的生活,才能够为广大人民所理解和接受,才能充分发挥绘画艺术的社会作用。

民族风格的构成,由以下三个要素来决定。

(1)民族性格

民族性格对绘画民族风格起着决定性的作用。一个民族的社会生活、自然环境、历史传统和文化传统、风俗习性,只要在民族的心理素质上打上深刻的烙印,就形成了不同民族的性格特点。中国画家只要真实地反映了中华民族的人民生活,就必能刻画出中华民族的性格特征、心理状态与思想感情,以及中华民族的精神气质,作品也必然会具有中国作风和中国气派。

(2)民族题材

民族题材包括民族的现实生活、历史传统、风土人情等,这是构成民族风格的重要因素,每一个民族都有自己的题材特点。我国是个多民族国家,因此绘画总的民族风格是东方中华民族风格,但又有不同的差异,如北方山水雄浑壮观,南方山水葱郁秀丽;北方绘画多游牧、骑射等一类题材,南方绘画多耕种、渔猎等一类题材。民族题材虽是绘画民族风格的重要因素,但不是决定性因素。

（3）民族形式

民族题材和民族性格都是属于作品的内容方面的东西,而所谓民族形式,是指一个民族在特定的历史条件下所特有的形式表现手段。中国画的表现手段主要指绘画视觉语言及绘画的体裁,它们均具有鲜明的民族传统特点,与西方绘画的表现手法迥然不同。虽然,中西方绘画都采用写实与夸张、现实主义和浪漫主义的手法,但是民族特色各异,中国画基本上是现实主义和浪漫主义相结合的表现手法,讲中庸和谐,讲主客观的统一,讲现实和理想的统一,在写实中有夸张,夸张中有写实;而西方绘画易走极端,往往造成主客对立、现实与理想的对立。

民族风格是一个历史范畴,它不是静止的,而是发展的,而且各民族艺术之间相互影响。中国画历来就具有善于接受外来影响的优秀传统,如汉唐以来的佛画及凹凸法,明清的西洋画风的渗入。在中国画民族化的问题上,我们既要尊重其他民族的优秀传统,更要尊重本民族的优秀传统,我们既是爱国主义者又是国际主义者。真正的国际主义者,必须用具有自己民族风格的艺术珍品去补充丰富世界艺术宝库,而不应该两手空空,完全依赖别人提供的精神食粮。

2.时代风格

艺术风格既有多样性,也有统一性,而我们所说的风格的统一性,就是一定的个人艺术、时代艺术、民族艺术中所呈现出来的主导风格所具有的成熟性、一贯性和稳定性。

画家总是生活在一定的时代社会之中,这个时期的社会变革、社会风尚、艺术思潮必然对画家产生影响,也必然在画家个人创作个性上打下烙印,他们的作品又总是要反映一定时代的生活内容,这些具有时代共同特点的内容又必然要求与之相适应的表现形式,这就是为什么一定时代的艺术风格总会呈现某种统一性的原因,这种具有时代的统一性特征的艺术风格就是时代风格。时代不同,时代风格也不同,一定时代的艺术必然会形成一定时代的风格。例如,中国画史上的魏晋风格和唐宋风格,时代风格各不相同。

艺术是一种社会现象,是一定社会的上层建筑,因此,艺术的时代风格往往是一定时代的社会精神的反映。我国唐宋时期的艺术风格既不同于秦汉,也有别于明清。秦汉所遗留的绘画雕刻艺术淳厚质朴,深沉博大;唐宋绘画豪华绚烂,雄浑奔放;清代绘画则是气韵苍润,简淡清秀。

（1）唐代绘画风格

唐代从贞观年间到开元年间的一百多年里，封建经济发展到了顶点，阶级矛盾比较缓和，社会安定、国家统一、经济繁荣、生产发展、文化昌盛，出现了大量描绘帝王功臣、贵族妇女生活的人物画，以及适应他们玩乐的山水花鸟画。这个时期绘画的基本特征是以写实的创作方法为主，以线为造型，画面形象丰满，构图宏伟，色彩绚丽，用笔遒劲；思想内容是崇尚开明君主，追求开明的政治思想，颂扬太平盛世的生活和为国家建立功绩的雄心。这种辉煌灿烂、豪华雄浑的艺术风格是强大的经济力量和人民创造力量以及社会上升时期进取精神在绘画艺术上的相应表现。

（2）清代绘画风格

清代，在封建文化继续发展的同时又随着殖民者的军舰来了西方文化。由于清代封建主义自然经济中又出现了资本主义的萌芽，民间绘画在商业经济繁荣的小城镇比较活跃。中国画的战斗性增强了，少部分绘画直接干预社会现实，民间年画空前发展。但整体趋势不如以前，陈陈相因，缺乏创造。清中叶以后，国力急剧衰落，绘画逃避现实，食古不化。山水花鸟比人物画略好一些，特别是文人画极盛，在突破古人樊篱，追求个性表现和抒发主观情感方面，达到了中国画史上前所未有的高度。"简淡冲和、野逸洒脱"可谓说是清代绘画总的时代风格，也是封建社会末期衰落的写照。

3.个人风格

中国画之个人风格是指绘画作品的主题思想、艺术形象、构图经营、笔墨技巧所表现出来的协调一致的、与众不同的一贯的个人特色。具有独特风格的画家是其艺术成熟之表现。马克思说过："风格就是人。"这就是说，画家的个人艺术风格就是他在作品中集中体现出来的创作个性，就是"画中我"。这种创作个性主要取决于画家个人的思想、阅历、性格、气质、学识、修养等，这是谁也不能替代的，所以凡是真正体现了个人风格的绘画作品总是与众不同的。

六、传统图案元素与解析

远古时代，在没有语言和文字的时候，人类就开始通过图案和符号来进行信息的交流和传播。所以，图案和符号的出现，在漫漫岁月中起到了极为重要的作用。如今，图案被当作现代包装设计中的一个重要组成部分，其表现方式直截了当，是人们情感的真实写照，详尽地记录了社会发展的历程，也反映了人与社会、与自然、与人自身的紧密关系。

中国传统图案元素风格独特,且形式多样、形态各异,流传广泛。例如,石器时代的彩陶装饰图案,其内容包含动物、植物、人物,简洁、明快、生动。再如青铜器图案、商周时期的青铜器用龙纹、鱼纹、龟纹、云纹等纹样进行装饰,充满活力和神圣感,不仅珍贵,更是权力的象征。

(一)文字形式的图案

汉字是世界上最古老的文字之一,是中华民族历史文化的重要载体。一些具有吉祥寓意的文字,其各种变体或书法形式具有很强的装饰性,常作为一种元素应用于中华民族艺术中。其中,历史悠久、应用较广的吉祥文字有福、禄、寿、喜等。

1.“福”

“福”字是一个常用汉字,意为福运、福气。自古以来,人们对福孜孜以求,并把日常生活中的美好事情都冠以“福”字。例如,好地方称为“福地”,好消息称为“福音”等,凡此种种都反映了世人对福的祈求、渴盼。

2.“禄”

“禄”字的本义,一是福,古人云:“禄,福也”;二是指古人官吏的俸给,如俸禄、食禄。在明代,禄星又被赋予了一个全新的角色——送子的神仙。这样,禄星既是古代读书人顶礼膜拜的科举考试神,又是普通百姓心中的送子神仙,从而成为福禄寿三星中不可或缺的一个吉祥之神、幸运之神。在民间习俗中,对于禄神的崇拜主要表现于新年贴禄神年画的习俗。

3.“寿”

“寿”字,意为寿命、年岁长久。《庄子·盗跖》中称:“人,上寿百岁,中寿八十,下寿六十。”人生的一切享受都建立在拥有生命的基础上。对长寿的祈求和渴望,注入社会生活的各个方面,从而形成了我国独具特色的寿文化。例如,以繁体“寿”(壽)字为基础,利用其不同字体(如篆体)和变形而构成的吉祥字纹。

4.“喜”

“喜”,是个会意字,从其最初的甲骨文字形来看,是由上面一个鼓形与下面一个口形组合而成的,表示喜庆之时开口大笑,寓“快乐”“高兴”之意。“喜”字有两个变形:一是“禧”;二是“囍”。“禧”字,原意为祭祀神明以求福祉,后来引申为幸福、吉祥之意,常见“年禧”“恭贺新禧”等用法;“囍”本来不是一个字,而是由两个“喜”字连在一起而组成的吉祥字符。

(二)图像形式的图案

1.图腾解析

在中国古代历史上,龙、凤、麒麟等神异动物的出现,都和原始的图腾崇拜有关。然而,随着时间的推移和时代的发展,这些神异动物形象已完全超越了原始图腾文化的内涵,成为了中华民族艺术的一种象征性符号。

(1)龙

龙是古代传说中一种有麟角须爪能兴云作雨的神异动物。在古代神话中,女娲与伏羲被尊为中华人祖,他们都是龙的化身,其子孙后代也就自然成为龙的传人了。在中华民族几千多年的文明史上,龙始终起着统一信仰、增强民族凝聚力的纽带作用。它那真实而又虚无的形象,成为华夏儿女的民族信念和精神象征。

(2)凤

凤是"凤凰"的简称,是古代传说中的百鸟之王。雄的叫"凤",雌的叫"凰",通称为"凤凰"或简称为"凤"。凤与龙一样,只是一种被神化的吉祥动物。数千年来,凤作为一种祥瑞、美好的象征,渗透到中华民族的神话、诗歌、艺术以及民族心理等各个方面,深刻地影响着中国古代先民的精神文化生活,并逐渐成为中华民族传统文化的一种象征性符号。

(3)麒麟

麒麟,亦作"骐辚",是古代传说中的一种动物。《礼记·礼运》曰:"麟凤龟龙,谓之四灵。"在古人心目中,麒麟是仁瑞圣德之神兽,多作为吉祥的象征,亦借喻杰出的人。麒麟和龙、凤一样,都是古人对身外世界的敬畏、崇拜的产物,也是古人向往理想社会及幸福祥和生活的一种体现和寄托。

2.纹饰图案解析

(1)如意纹

关于"如意"的来源,有说法认为是源于一种将竹木棒一端雕成手形以用来搔背的工具;还有一种说法认为是自印度传入的佛具之一,梵语称作"阿那律",译成汉语为"如意"。后来,如意的头部被改成灵芝形或云朵形,用金、玉、骨、象牙等材料雕刻而成,遂成为达官贵人的珍贵玩物。灵芝本是一种真菌,可供药用,具有益精气、强筋骨、滋补强壮、扶正培本的功效。在中国古代民间,将灵芝视为仙草,传说服之能起死回生、长命百岁甚至羽化登仙,因此,以灵芝为头的"如意"也就成为了一种象征祥瑞的器物,如图7-1所示。

图7-1　如意纹

（2）云纹

古代以农耕为主，全靠雨露滋润，无云便无雨，无雨干旱则无收成，因此古人由求雨转而敬云。以云为题材的纹饰图案称作"云纹"，具有敬天、高升、如意等吉祥寓意。云纹的常见形态有：钩云、如意云、四合云、流云以及云水纹等。其中，钩云纹是因单个云纹形似两端同向内卷的钩而得其名，其图案可由若干单个云纹整齐排列或相互穿插勾连而成；如意云纹是指单个形似如意头的云纹，亦可排列使用；四合如意云纹的形态特征是，四个如意头绞合在一起，上下左右各有云尾；云水纹则是由云纹和水纹组成的复杂纹样，如图7-2所示。

图7-2　云纹

云纹作为一种设计元素，常与龙纹、蝙蝠纹、八仙纹、八宝纹等配合使用，大多用作青铜器、玉器、瓷器、家具等器物的装饰纹样。在中华民族艺术中，云纹依旧得到了广泛应用。

（3）回纹

回纹是由古陶瓷和青铜器上的云纹、雷纹、水纹等衍化而成的，其简洁清晰、典雅规整，具有绵延长远、安宁吉祥等寓意。因为它是由横竖短线折绕组成的方形或圆形的回环状花纹，形如"回"字，所以称作回纹。随着时代的变迁,回纹的纹样形式逐步规范,发展成为有单体、双线、一正一反相连成对或连续不断地折绕成回字形的带状纹样等多种形态,如图7-3所示。

图7-3　回纹

(4)盘长纹

盘长纹的基本形式是中心模拟绳线作编织状,外廓近似菱形,无论图形多么曲折复杂,都是用一根线贯彻始终而成,且其造型的上下左右都对称,正反相同,首尾可接,无终无止。"盘"字本身有"回旋"之意,且"盘"与"蟠"相通,有回绕、屈曲之意;"盘"还与"磐"相通,有坚固之意。因此,盘长纹常用来表示友情、亲情、爱情的盘回流长、坚如磐石、持久永恒;由于"绳"与"神"读音相近,而盘曲之态的绳有些像龙,所以史前时代龙的传人便以绳结的变化来表现龙神的形象;因为"结"与"吉"谐音,于是绳结便被赋予了吉祥寓意,并作为一种特殊的文化符号流传至今,如图7-4所示。

图7-4　盘长纹

(5)缠枝纹

缠枝纹,是一种以藤蔓、卷草为基础提炼而成的传统纹饰图案。缠枝纹通常是以藤蔓等植物为骨架,向上下左右四面延伸,枝茎上缀以相应的花卉和枝叶,像蔓草一样滋生缠绕,循环往复,延绵不断;另有一类缠枝纹的枝条呈连续波状,其上缀以相应的花卉和枝叶,花叶疏密有致,形态委曲多姿,极富动感,生动优美。缠枝纹利用具有生命力的线条和空白的交替、补充、融合,在人的视觉上造成生动、丰富、充实的效果,从而形成一种强烈的美感和视觉冲击力,如图7-5所示。

图7-5　缠枝纹

缠枝纹起源于汉代,盛行于南北朝、唐、宋、元和明、清时期。缠枝纹因其枝缠叶绕,循环往复,变化繁多,连绵不断,故有“生生不息”之意。常见的缠枝纹构成形式有“缠枝莲”“缠枝菊”“缠枝牡丹”“缠枝葡萄”“缠枝石榴”“缠枝百合”等。

3.太极图与脸谱的解析

“太极”一词始见于《周易·系辞上》:“是故易有太极,是生两仪,两仪生四象,四象生八卦。”这里的“太极”是派生万物的本源,属于中国传统哲学范畴。“八卦”是《易经》中的八种基本图形,分别代表天、地、雷、风、水、火、山、泽等自然界的八种事物。太极图的规范形式是在一个圆形中,以单纯的黑与白两种颜色,运用扭曲回旋的双关线,把画面分成阴阳交互的两极,围绕中心抱合而成。圆形的太极图好像是由两条鱼的鱼头鱼尾互相环抱而构成的,其中一条为白眼的阴鱼,另一条为黑眼的阳鱼,故称为“阴阳鱼”。两条鱼阴阳交错,互抱互回,循环不已,相互依存、相互制约地共处于一个有机整体——“太极”里。负阴抱阳的太极图反映了古人对宇宙万物运动规律的认识,是中国传统文化的一个标志性符号,如图7-6所示。

图7-6　太极图

　　脸谱的历史渊源可以追溯到中国上古时期的宗教祭祀和民间祭祀舞蹈所使用的面具。中国戏曲脸谱发展至今,不但形成了一定的规律和方法,还具备了程式化的特征,而且针对不同的剧种发展成为各具特色的通用谱式图案体系,成了中华民族传统文化的重要内容之一。脸谱是一种装饰化的图案,它将点、线、形、色有机地组合起来,以鲜艳的色彩、优美的造型和夸张变形的手法,醒目而传神地表现戏剧人物的外部形象和性格特征,体现了中华民族的审美创造精神。

　　4.其他

　　中国传统图案元素中的其他,主要是指植物类与动物类图像。植物类的符号以梅、兰、竹、菊、莲、葫芦以及桃为代表;动物类则以喜鹊、鸳鸯、鹤、鱼、蝙蝠、蝴蝶、龟、狮、羊、鹿等为代表。

七、陶瓷与民间美术元素及解析

　　(一)陶瓷

　　"云蒸霞蔚,如冰类雪"这句诗形容的是瓷器,中国是瓷器的故乡,几千年来的陶瓷文化的传承和延伸,为人类历史文明做出了杰出的贡献。

　　在英文中"瓷器"(china)一词已成为"中国"的代名词。瓷器脱胎于陶器,它的发明是中国古代先民在烧制白陶器和印纹硬陶器的经验中,逐步探索出来的。五大名窑(汝、官、哥、钧、定)以及景德镇青花瓷早已蜚声海外。

　　(二)民间美术

　　民间艺术是流传于民间,为劳动人民的生活服务,被劳动人民所喜闻乐见的艺术形式。在我国,有代表性的民间艺术形式多样,如剪纸艺术、皮影艺术、年画艺术(天津杨柳青、苏州桃花坞等非常具有代表性)、泥塑艺术等。这些民间艺术长久以来形成了独特的艺术风格,对当今包装设计有着非常大的启迪作用。

第二节　包装设计中的中国传统文化元素

一、书法元素在包装设计中的实践表达

书法与印章元素,是中华民族传统文化的瑰宝,它既可作为文字信息说明,又可成为图形或符号来表现主题、意图。鉴于书法本身就是一种线条艺术,它笔法的轻重浓淡、笔画的伸展、疏密的变化可以产生无穷韵致的效果,令人回味无穷。

随着历史的发展,中国的书法艺术形成了具有多种时代风格的书体:篆书,古朴高雅;魏书,字体朴拙、舒畅流丽;隶书,笔势生动、字体整体统一;草书,字形繁多,笔势连绵回绕。在包装设计中运用这些书体,能大大增强包装设计的时代性[1]。

从图7-7中可见宁夏枸杞的包装简洁、古朴、低碳。包装形式上回归自然的手法,易于打开和保存,浓郁的传统书法风格的品牌文字,弘扬了民族文化。

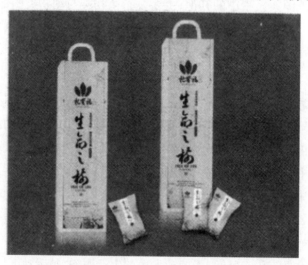

图7-7　宁夏枸杞包装设计

[1]白晓,周靖明.浅析中国传统美术色彩在包装设计中的应用[J].艺术品鉴,2016(5):52.

图7-8中古越龙山品牌应用的金石篆刻的风格表现出产品的历史与传承。

图7-8 古越龙山品牌

图7-9中,洒脱的笔墨形态为此包装的设计主调,精心安排的骨式构图突出表现了深厚的中国茶文化的艺术气息,并产生了清新脱俗的产品特质。

图7-9 茶叶包装设计

二、中国画元素在包装设计中的实践表达

中国画艺术博大精深,有着独特的文化气韵。将国画艺术运用到商品的包装设计中,应根据产品的特点和品牌的个性进行,在用各种方式和手法来体现国画文化和传统文明的同时,可以对产品的特色以及地域、民族的信息进行有效传达。图7-10为黄陂野菜包装,运用了一幅意境幽远的写意画作为主要图案,突出了韵味。

图7-10　黄陂野菜包装

图7-11是一品江南酒的包装,设计师从水乡风情中吸取灵感,在黛瓦马头墙、小桥流水的朦胧之中透出优雅的江南情调,很好地体现了产品的地域特色。

图7-11　一品江南酒的包装

图7-12中采用酣畅淋漓的水墨花鸟画的表现手法,并结合空灵冷静的现代版式构成,突出了茶叶天然、纯粹和味道醇美的特性,透出了浓浓的天然特质和文化气息。

图7-12　中国山水画元素的体现

三、传统图案元素在包装设计中的实践表达

中国传统图案具有极为丰厚的生存土壤,独有的艺术品位和文化修养,图必有意,意必吉祥,传统的吉祥图案表达了人们对幸福、美满生活的热切和渴望。中国传统图案的基本审美观念,是包装设计师获取传统文化精髓而得以进一步发展的源泉所在。这些传统的图案艺术审美规律,时时刻刻地影响着现代的产品包装设计。

(一)文字形式的图案元素在包装设计中的实践表达

1."福"与包装设计

"福"字作为一种元素,可直接装饰在适当的客体或平面上。

2."禄"与包装设计

"禄"字在包装设计中,很少单独出现,往往是"福、禄、寿"三星同时出现在一个寓意图形中,象征着吉祥喜庆、富贵荣华、福寿康宁的吉意。

3."寿"与包装设计

"寿"字作为一种装饰性很强的元素,在民族艺术中得到了广泛的应用。

4."喜"与包装设计

"喜"字象征着喜上加喜、双喜临门,多用于婚庆场合。

(二)图像形式的图案元素在包装设计中的实践表达

例如,山西杏花村酒的包装,该设计中,先是以杏花、牧童为主体,表现出了"牧童遥指杏花村"的诗情画意,并且结合龙凤纹样传达出了吉祥如意的美好理想和愿望,寓意深刻,体现其历史悠久。圆筒瓶身,并系红色缎布,与传统青花瓷纹样结合,配合书法品名,体现了商品包装的民族化特色。

四、陶瓷元素在包装设计中的实践表达

图7-13为某品牌的月饼盒包装,运用了青花瓷(白地青花)作为主体装饰元素,既突出了商品的民族性,又提升了商品包装的整体品质与格调。图7-14的铁观音茶叶和图7-15的中国建设银行礼品包装也都运用了中国陶瓷元素,清丽、脱俗的特点,引人注目。

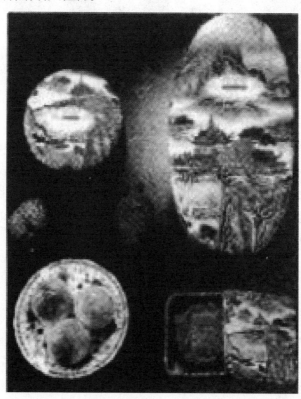

图7-13　月饼包装

图7-14　铁观音茶叶

图7-15　中国建设银行礼品包装

五、民间美术元素在包装设计中的实践表达

（一）中国结

中国结全称为"中国传统装饰结"。它是中华民族特有的一种手工编织工艺品，具有悠久的历史。中国结身上所显示的精致与智慧是中华古老文明中的一个文化面，其年代十分久远，体现了我国古代的文化信仰及浓郁的宗教色彩，也体现着人们追求真、善、美的良好愿望。

（二）剪纸

剪纸，顾名思义，就是用剪刀把纸剪成图形，包括窗花、门笺、墙花、顶棚花、灯花、花样、喜花、春花、丧花等。

剪纸是中国最普及的民间传统装饰艺术之一，有着悠久的历史。由于在创作时使用工具的不同,有的用剪子,有的用刻刀,因此剪纸又被称为刻纸、窗花或剪画。剪纸是一种镂空艺术,它在视觉上给人以透空的感觉和艺术享受。其载体可以是纸张、金银箔、树皮、树叶、布、皮、革等片状材料。这些材料极易获得、成本低廉、适应面广,以此创作出的剪纸样式千姿百态,形象生动,充满生活气息,受到了广大人民的欢迎。民间剪纸以独特的艺术语言和质朴的风格反映出劳动人民的美好情感、理想和愿望。

剪纸刻法有阳刻,即以线为主,把造型的线留住,其他部分剪去,并且线线相连;阴刻,即以块为主,把图形的线剪去,线线相断;还有阴阳刻,即阳刻与阴刻相结合。剪纸也是一种民俗艺术,它的产生和流传同农村的节令风俗有着密切的关系。剪纸作为一种民间艺术,具有很强的地域风格。

剪纸分为三个流派,其名称及代表可见表7-2。

表7-2 剪纸的三个流派

流派名称	代表
南方派	广东佛山剪纸和福建民间剪纸
江浙派	江苏扬州剪纸和浙江民间剪纸
北方派	山西剪纸、陕西民间剪纸和山东民间剪纸

(三)皮影

皮影戏在我国历史悠久,源远流长。其人物、动物造型概括洗练,装饰纹样夸张,是非常具有魅力的民间艺术代表之一。

(四)年画

年画始于古代的"门神画",因其被赋予各种吉祥、喜庆之意,为中国民间所喜闻乐见。比较具有代表性的年画有苏州桃花坞年画和天津杨柳青年画。年画画面线条单纯、色彩鲜明艳丽、气氛热烈欢愉。年画艺术,是中国民间艺术的先河,同时也是中国社会的历史、生活、信仰和风俗的反映。

现代包装设计在提炼这些传统民间艺术风格元素的时候,应注意构成形式美的法则,在深化主题的基础上达到形式与艺术的完美结合。如图7-16为利用年画艺术的酒包装,该作品娴熟地将年画这个民间元素运用于其中,视觉感饱满流畅,颜色艳而不俗。

图7-16 利用年画艺术的酒包装

(五)乡土材料

传统材料可分为毛、皮、麻、木、藤等,各种材料的物理性质的差异可以体现出不同的表现个性。

中国的包装设计有着悠久的历史文化渊源,具有自己独特的民族风格和审美意识,其形态与所用的材料因各个历史时期的不同而各具特色。

传统材料的应用必然有着传统的加工工艺,并且二者同时作为民族的元素采用于设计中,如民间刺绣、编织工艺、中国民间陶瓷等,内容相当丰富广泛。

图7-17中的这套包装设计以天然的竹筒为主要材质,青翠欲滴的质感、幽雅的东方意境、巧妙的品牌形象处理,凸显了香水成分的"纯天然"特质。

图7-17 利用竹筒包装

图7-18中的茶叶包装用到了粗布、麻、手工刺绣、淳朴的材质和原始的加工工艺,突出了野生茶天然、纯粹的产品特性。

图7-18　茶叶包装

第三节　陕西洋县皮影艺术在包装设计中的表达

一、洋县皮影戏形成历史

汉中被誉为"汉家发祥地,中华聚宝盆"而汉中市所辖洋县地处陕西南部,古称洋州,为汉水流域,北依秦岭,南靠巴山,秦岭是传统意义上中国南北地理和气候的分水岭,民间流传着这样的一句话:"秦岭一条线,南吃大米,北吃面",大山的阻隔和蜀道的艰辛,影响了南北民间文化的交流与传播。与此同时,这种天然的地理屏障也维护了民间文化艺术的多样性和原始风貌。

洋县在汉中盆地的东部,此地民风淳朴,自然生态良好,地理位置东接佛坪、石泉县,南邻西乡县,西毗城固县,北接留坝、太白县,汉江自西往东贯穿而过。洋县历史悠久、气候温和,据记载早在7000年年前的新石器时代,就有人类在此定居生活,西晋泰始三年(公元267年)开始在境内置洋州,明洪武三年(公元1370年)改洋州为洋县,从古至今,洋县一直有大批文人墨客在此往来,杜甫、白居易、苏轼、文同等名士在此留下了脍炙人口的诗作和名传千古的故事。造纸术的发明者蔡伦就葬于此地。

我国戏曲种类繁多,风格多样,每一种唱腔的形成原因也各不相同,以某种旧的腔体为"母体"作"种子"以"族群式"发展创建一种新的声腔体系,是许多剧种唱腔演化中常见的现象。然而,也有民间音乐,民间小调组合演变发展而自然形成的戏曲形式。

洋县皮影的诞生和传入大致由清代乾隆年间的皮影艺人从陕西关中传入洋县境内,关中地区皮影戏演唱的唱腔音乐,主要是由关中本地的碗碗腔曲调作为音乐唱腔"母体"的组成部分,然而,由于战乱、自然等历史的原因,在人类迁徙的进程中,文化间的相互交融,相互渗透也在潜移默化地影响着皮影戏的内在本质,有着不同文化背景的人在皮影表演中,会自然地将他所属的文化元素和文化记忆植入皮影戏的表演,这样的一种"族群式"植入是为了适应本地的风俗习惯和语言习惯。于是,导致皮影在唱腔音乐中的旋律不断演化裂变,不断分化组合,而在不断的演化过程中也形成了某种的形态特征。从这种形态特征中可以看出一个民族的音乐风格的形成的必然性和特殊性。

早年间学习皮影戏表演的艺人众多,在掌握了皮影演出的基本表演形式后,往往会植入自身属地的某种情绪以及音乐唱腔和艺术审美情趣。再经吸收、消化、演化而植入了新唱腔,新演化的唱腔已成为流淌到自己血液里的文化基因,这样的"变形基因"使皮影戏的唱腔音乐与众不同,独特而新颖。

在不断变化的同时,也在丰富和传承着这一艺术表演形式,皮影戏的表演从此便有了分支,关中碗碗腔唱腔,迷糊,蒲剧唱腔,陕北碗碗腔,西府碗碗腔等不同唱腔表现的皮影戏表演。然而,这样的一种文化嫁接,是人类艺术交流发展过程中的必然因素,世界各地所产生的不同文化种类,和文化现象大致上都有相似或者类似的情形,这是人类在发展迁徙活动中常见的现象❶。

清朝乾隆元年,洋县当地艺人白石人刘氏,因逃难到关中,从绰号叫作"揽盘"的手中学得皮影表演及唱腔,学成后依据自家筹建的班底成员,开始了漫长的演出生涯,在演出经过数载之后,洋县境内贯溪乡村的华、王、何、吴四家皮影班社也相继诞生,这是记载的最早期洋县皮影艺人的皮影表演活动。在

---

❶孙丽.传统文化元素在现代包装设计中的应用研究[J].绿色包装,2022(2):67-72.

实际的走访调查中,我们从洋县皮影戏现传承人何宝安叙述中还了解到,当年洋县皮影戏有一位老艺人叫王维鑫已年近古稀,他的祖辈五代都是唱洋县皮影腔。

王维鑫五代之上正值清朝乾隆和嘉庆年间,相传他的高祖就是随绰号叫"揽盘",王维鑫拜"揽盘"为师,学习皮影艺术。而"揽盘"所住的贯溪乡正好与何宝安为同乡,这样一来按大致的时间推算也和洋县皮影戏最初形成的时间相吻合,与此同时,也说明了洋县皮影戏和关中皮影在融合尤其是唱腔音乐上有着密不可分的联系。由此可见,洋县皮影早期的形成是地域间外来文化和本地文化相交融的结果。

由于洋县所属汉水流域,相比秦岭以北的黄河流域,无论在地貌特征、气候因素、风土人情、语言风俗、生活习性上都有较大的差异,在民间音乐和戏曲唱腔中也和关中文化有着本质的区别,归结这一文化差异,我们可以发现是吐字行腔的方言造成了这一差异的重要因素,虽说洋县属汉中盆地,行政区域中,汉中市包括十县一区,除洋县外,其余九县一区都操着清一色的一口西南官话腔调,然而唯独洋县口音例外,属北方方言语系主导,虽说"十里不同音",但像这样截然不同的音调反差,着实令人称奇。

据《汉中府志》记载:每当关中大乱之时,就会有大批的官员、富商因为各种原因从关中经傥骆道逃亡到蜀地生活。这种情况的发生尤其是在唐朝中后期最为频繁,因而在今日的洋县,许多大的姓氏和宗族都是由当年的关中迁来的,这是和在当年逃亡的过程中,有一部分人会在洋县滞留或落户定居有着密不可分关系。所以,洋县境内关中方言语调受关中文化的影响相比汉中其他县区真可谓泾渭分明。史料记载中的汉中"语言杂秦蜀,风气兼南北",其中的秦大概就指的是当今的洋县,然而洋县方言却并不是完全纯正的关中口音,它的方言既有关中某些腔调的发音习惯,同时又有汉中方言中当地字词的某些特点特征,这样一种奇特的结合产生了洋县全国独一无二的地方方言。

因语调特殊,发音难辨仅方言的学习就极为困难,从中可见方言的差异不仅仅是区别地域间的特征因素,在文化发展,艺术品种等整个演变流传的过程里,方言起到了不可估量的决定作用。

清代,嘉庆年间(公元1798年),关中碗碗腔皮影剧目流传到了洋县。据考证,当时有一位时任洋县儒学训导的人士叫作李芳桂,他乃是陕西一位著名的戏曲家,正是因为李芳桂的出现,才把关中地区的碗腔皮影剧目带入洋县。那时在贯溪华家皮影戏班演出的过程中,通过改良加工并且注入了洋县当地方言,在注入皮影戏唱腔音乐后,唱腔在原有的基础上,有了一些更微妙的变化,唱腔表演的本土化得到了更多观众的肯定和欢迎,这样的融合大大增强和提高了皮影表演的艺术感染力,使当地观看皮影表演的人也越来越多,所以受众面得到了前所未有提高。后来,这样的结合又不断融入了本地民间音乐一些新的元素,结合原有唱腔,不断地吸收,改造,丰富和完善自身音乐唱腔曲调,逐渐形成了独具风格的特色洋县皮影戏地方剧种,直至后来洋县就成立了许多个灯影剧班社表演社团。

二、洋县皮影戏传承状况

传承的目的是什么,为什么要传承,该如何去传承? 可以说,所有的民间文化艺术品种大都经历了形成,演化,交流,发展的漫长岁月,由生产生活方式形成的民俗文化等生成,并得到了当地老百姓欢迎的民间艺术形式,以及长期伴随耕耘经历了不同时期艺术种类的传承者的艰辛历程。这是民族文化形态特征最基本的细胞,我们所具有的民族精神风貌就是由千千万万个这样美丽的细胞所组成的,其价值是不言而喻的。

传承一门文化和一个艺术种类是一项以民俗学、人类学、音乐学、社会学、等综合要素相结合的实践活动,需要一个完整的综合评价体系,其中涵盖了艺术形态、特征、风格、人文、技术、品质等一系列相关的知识理论要求。然而,自始至终所有的问题指向都集中在——人,这一普通却又特殊的载体上。

洋县皮影戏和全国各地大多数民间文化艺术一样,不仅有着自身的传承体系和传承的特点,同时也有着自身的传承规律和模式,然而,文化艺术的传承条件之一则是需要传承所在地历史的、地理的、文化的、风俗的、人文的综合环境等诸多要素的相互作用的结果。

作为一个地方剧种,从物质表象运动到物质内部深层次演变规律来看,洋县皮影戏在自身的历史发展中也遵循着这一种传统的继承套路,一代又一代的皮影戏艺人接过祖先留下的文化遗产结晶,以收徒传艺,口传心授为接力棒,辛勤耕耘,把这一久远的民间艺术、智慧传承保留到现在。文化的传承依靠的是本体文化价值和受众者精神生活的需求,以及审美情趣,审美观念,伦理道德需求来评判。从辉煌到逐步衰落这多半是由于历史、政治的因素或是自然的人文地理因素所形成的客观规律相关联。其中的艰辛早已根植于每个时期不同传承人的内心,并伴随记忆漂流在历史的长河中。

传承人是继承和发扬传统文化形态的主体,传承人所承载的传承事业是一个永久不变的核心环节,他并不是靠某一人,而是一个特定群体。世上诞生延续至今的文化艺术品种,凡有了传承人就可能被传承,凡失去了传承人就会逐步走向消亡,在这里,人是先决条件,没有人,传承事业就无从谈起,这绝不是危言耸听,但却也是传承真谛的所在。离开了人,任何一切都不存在。时至今日,历史已见证了洋县皮影戏在不同时期传承发展的过程中,历经了不同的漫长曲折而顽强坚韧的道路。

洋县皮影戏在传承的过程中和其他民间音乐,民间戏曲的传承流程大致相似,口传心授,师徒传承,以这样古老传统的学习方法延续至近代,民间音乐和戏曲虽然流传时间长久,受众面广泛,但却由于学习方法保守落后,加之又受制于传承学习者文化程度较低,人群多属社会较低阶层的影响,在传承和普及的过程中也受到了一定的制约,且在教学过程中艺人往往融入自己的理解和演绎,同一作品出现了不同理解和表现等,这就是口传心授的传承方式产生的结果。再加上由于当时政治、社会、环境等诸多因素的影响,读书学知识成了遥不可及的愿望。生产力低下落后,绝大多数的人家庭环境贫困,负担较重,或因其战乱,灾害,饥荒等其他原因,有些人家的孩子在年龄很小的情况下就已开始自谋生计。有的谋生者甚至背井离乡,至此都没有机会再回到家乡;留在本地的谋生人群就在洋县及其周边寻找自己的出路,这为洋县皮影戏的传承埋下了一个隐形群体;其中也有一部分人,是出于对洋县皮影戏艺术的喜爱前来拜师学艺,凡此种种,使洋县皮影戏的产生注定了在历史进程中传承对象大多是较为单一的传承体系。

在中华人民共和国成立之前的漫长岁月里,人们的文化生活极度匮乏,然而又因历史、政治变故等多种因素的影响,皮影戏的演出只能靠日常劳作之余,在农闲节庆、红白喜事、祭祀礼仪、堂会演出中出现。这里还有一个非常重要的原因,皮影戏表演既是一种娱乐活动,又为较封闭的农耕社会提供了一个聚会、休闲的好去处,除了看戏之外还有亲戚好友,还有谈情说爱的各种情况。总之,这样的演出,往往会吸引不少大众前来看热闹,久而久之,其艺术特色、表现形式,便成了人们日常生活和劳作之余必不可少的精神食粮。当某种审美特征被接受,真正成了生活中的一部分,自然,皮影戏就变成了深受当地百姓喜爱的艺术品种。

洋县皮影戏表演的剧情多以神话人物、民间故事等素材为创作背景,加之有音乐唱腔以及伴奏乐器,使皮影戏的表演更加入木三分、活灵活现,成为那个时期人民大众必不可少的精神生活中的一部分。因为演出需要的不同,洋县皮影戏演出有免费演绎给群众自发观看的情况,另外还有受当事者之需,受到邀请而参与的堂会表演,然后,通常会使受约演出完毕后给一定的钱财作为报酬,这恰恰就是皮影戏得以流传、能够生存的重要因素之一,也是其艺术产生的美学价值影响力的原因。于是,滋生了一些谋生计的,有一定条件基础者拜师学习洋县皮影戏,最初学习洋县皮影戏大都是以谋生为目的,既能糊口还能挣少量的钱财,何乐而不为? 这便是那个时代的特殊情形下的一种真实写照。

中华人民共和国成立直至改革开放后,以谋生为目的学习皮影戏的观念慢慢在淡化,传承文化的使命,弘扬民族文化成了这一历史时期新的目标和责任。

洋县皮影戏在早期形成至今已经历了六代传承人,共57人,笔者从实地调查采访得知,洋县皮影戏的传承有别于其他艺术类型单一的传承方式,它是多种传承方式并存的演变过程,有家族式传承、师徒传承和祖传师承这样几种传承形式。传承的多样性也是为了保证洋县皮影戏更好地流传,今天的人们依然还能欣赏到洋县皮影戏的精彩表演,这和它的传承方式是密不可分的。

在实地调查还发现了另一种现象,我国凡是比较大的民间剧种在传承时,文化艺术界知识分子,学者参与创作改造,报纸、广播、电影的传播影响力等,地域制约的影响因素很小,如同京剧、豫剧、黄梅戏、越剧、秦腔等其他剧种,除了本身是大剧种的特点之外,身在全国各地的人基本都能学,都能唱,地域的影响力对于这样的剧种显得微不足道,但随着对洋县皮影戏的深入研究,从洋县文化馆提供的传承人谱表,笔者看到,洋县皮影戏从它形成至今没有一个洋县地域之外的人去传承学唱,这既是一个已知的现象却又能反映出一个显著的问题,洋县皮影戏的传承有着语言这样一个不可抗拒的根本因素。外地人听不懂洋县皮影唱腔的词语含义,洋县之外的人要想掌握基本的洋县方言实属不易,更别说是演唱洋县皮影戏的唱腔音乐,这是一个难以跨越的鸿沟,语言的问题是洋县皮影戏在传承过程中的一个巨大障碍。除此之外,洋县地域面积有限,人口相对较少,皮影戏的传承也只能在有限的范围和人群中传播,制约皮影戏的传承及发扬这一地方民间艺术的瓶颈始终没有好的解决方式,这也是洋县皮影戏目前在传承中遇到的问题之一。

洋县皮影戏现已知记载的主要传承人有刘培荣、华振乾、雍建元、雍建邦、王维鑫、何俊贤、黄正理、黄成善、刘金贵、华生新、雍居中、雍念德、雍文秀、蔡善存、何宝安。

其中何宝安是至今最为年轻的皮影传承人之一,而在何宝安之后几乎形成了洋县皮影戏的断代层,青年一代的从艺者几乎没有。为了获得第一手资料,2013年5月,笔者在导师的带领下从西安专程去洋县拜访何宝安先生。在汉中音乐工作者和洋县文化馆的协助下见到了何宝安,何先生个头中等,衣着朴素且为人忠厚。期间我们和汉中、洋县的音乐工作者以及"非遗"办公室工作者召开了座谈会,了解当前皮影戏发展状况,并对何宝安个人专门进行了采访谈话和笔录。得知,何宝安是洋县皮影戏至今仍健在,且为数不多的主要传承人之一,他的祖籍是洋县本地贯溪乡人士,早年勤奋好学,对皮影戏的表演兴趣浓厚,加之本人嗓音洪亮,故而拜老艺人雍居中为师,专学皮影戏。

然而,在历经数年后直到改革开放,市场经济的形成,打破了传统的皮影演出形式,将皮影和其他的民间艺术推向了市场,在这种情况下,何宝安承包了洋县灯影剧团,由他带领剧团和其他演员继续从事皮影的表演,他自认箱主,演出的足迹遍布汉中地区各地,在长期的演出中,何宝安的洋县皮影剧团已在本地小有名气,与此同时也会经人介绍去陕西周边邻省进行表演,期间去过四川等多地,由于何宝安吃苦耐劳,演出时一丝不苟,且极富敬业精神,由他带领的洋县皮影剧团在这数十年间,已为广大群众演出多达四千多场次。

在长期的表演过程中已有了一定的观众基础,何宝安的演出不仅宣传了洋县皮影戏,同时提高了洋县的知名度,民间的演出越来越受到关注,因此在20世纪90年代至21世纪,接待了一批批外国友人,在提高自己知名度的同时也向外展示了洋县皮影戏独特的艺术魅力。

洋县皮影戏传承的历史,离不开洋县这块孕育的土地。由于历代皮影传承人的不懈努力和传承精神才得以让皮影戏这一民间艺术精品传世至今,从长远宏观的角度来审视洋县皮影戏的这一文化现象,在传承艺术本体的同时,还传承着时代精神和民族情怀,文化的衰落和文化的继承发展是21世纪共同需要面对的问题,洋县皮影戏的传承发展也是我国其他民族民间艺术传承的缩影,在大的背景下如何传承好民族精品艺术是对人们永久性的思考,如果缺少了类似何宝安等一批脚踏实地的普通民众心血付出,我们的民间文化是否会亟待消失,洋县皮影戏的传承在未来能否还将继续,每一种文化艺术的诞生都极为不易,需要倍加珍惜。现阶段,洋县皮影戏尚还有人能演,若干年后,洋县皮影戏是否会没落于社会洪流而消失?这一问题摆在我们面前,迫使我们做出艰难的抉择,而我们有责任、有义务保护民族文化遗产,传承和发展民族文化,这是我们这个时代历史赋予的使命,也是永恒不变的责任。

三、洋县皮影戏及剧目概述

我国多地所形成具有地方特色的民间艺术形式,多属农耕文化下的产物,农耕文化是在千百年来农业生产劳动的过程中形成的一种风俗性文化,和日常生活思想伦理道德中形成的意识形态等一样,这样的一种文化形式本身内容涵盖广泛,是集儒家文化思想和各类宗教、道德、伦理观念为一体的独特文化特征。从音乐方面来看,内容集合了山歌、小调、号子、民间歌曲、民间戏曲戏剧、民间风俗以及各类祭祀活动等都体现出这样的一些内涵。由于地域方言的特殊性,洋县皮影音乐表现中的"秦声运腔,汉词入调"形成的旋律色彩真可谓"北律南韵",独具特色,这些正是洋县皮影音乐和汉中其他各县以及全国各地的不同之处。

洋县皮影戏的诞生直至发展,正是该地区农耕文化产生的,为了进一步了解具有地方特点的艺术表现形式,在实地调查走访的过程中,笔者了解到,洋县皮影戏的内容包括从最初的道具制作直至完成表演,整个流程包括了皮影选材、制作工具、制作工序、演出内容、唱腔音乐这几个方面。

洋县皮影选材多以牛皮或驴皮为制作原材料,在制作的过程中先将选好的牛皮或驴皮放置水中泡制,泡制的作用在于除去牛皮或驴皮所带的油脂,再经过一定时间的泡制,出水后再用器具刮干剩余油脂(有锉子、生铁锤、凿,刻刀,直刀等);处理完后,将泡制好的牛皮或驴皮依据皮影演出的人物和道具需要将其裁剪下来,裁剪后的皮摊在图上先用铅笔描画再进行雕刻,雕刻后置于笼上蒸约十五分钟,蒸后用鸡蛋清倒在皮影上晾干即可。最后经过上色处理,每一件制作出的皮影人物及道具,造型都精美绝伦,完全是制作上乘的民间工艺精品。

洋县皮影戏的演出内容和题材都是选自老百姓喜闻乐见,广泛流传的故事内容,表演的形式和洋县当地的木偶戏相似,洋县当地有这样的一句话广为流传,"宁看牛皮打架,不看木脑壳说话"这里的"牛皮"就是指皮影戏表演,足以可见皮影戏受欢迎的程度。通常情况下,皮影戏的表演约五六人就能演一出剧目,因为洋县皮影戏演出机动性强,涉及人员相对较少,所以皮影艺人被分为四大类,这四类人员吹拉弹唱几乎样样精通,再加之道具轻巧,搬运起来也不困难,因此,不同剧目的演出人员的调整可能也有所不同,洋县皮影戏在长期的表演过程中,提高了演员的各项业务能力,在长时间的磨炼中也形成了手口并用的技艺功底。操作皮影表演的人被称为"捉仟手",演出中捉仟手不仅操作皮影,而且也需要声情并茂地演唱皮影戏唱腔音乐,还要为皮影戏伴奏,另外常需要配合乐队给予节奏的敲击,伴奏时还有笛手和做槽,他们通常是皮影戏演出中的吹管乐手和拉弦乐手,民间艺人在初学皮影时,需要了解和学习整个皮影从制作到演出成型的一系列过程,这种被称为"全把式"的一专多能。在长期学艺的经历中,逐步掌握了皮影戏表演和制作的各个环节,如此一来有利于传承皮影艺术。

洋县皮影戏虽然是地方小剧种,但也是麻雀虽小,五脏俱全,皮影戏的演出形式简单,演出前只需准备桌、桶、竹仟、丝质纱幕和油灯作为投影后就可搭台演出,演出的内容丰富多彩,群众在观看的同时也寓教于乐,因此皮影在演出内容的功能化也显现出来。

洋县皮影戏的传统剧目有《洞庭湖》《游地域》《五龙过江》《野猪林》《奉旨征番》《火焰山》等,其中内容包括汉代之前、晋、唐、宋、元、明、清的剧本,流传下来的剧目至今共二百一十七本。与洋县同属汉中地区的其他各县区也有好多种民间剧种,然而,洋县皮影戏的剧目与当地其他剧目几乎却没有相似之处,即便是剧目名称相同,其内容和唱腔音乐却有很大的区别,这正是洋县皮影戏相比其他剧种与众不同的独特之处。

洋县皮影戏的唱腔音乐是整个洋县皮影戏内容最重要的组成部分,唱腔是用戏剧艺术叙述故事情节,表达刻画人物性格,抒发剧中人物情感的主要手段。俗话说,戏的好坏在于听和看,看戏与听戏相辅相成,不可分割,看是指舞台上表演精彩与否,这是一种视觉感受,听指的是戏里的音乐和唱腔如何,这是听觉感受。

民族民间文化在继承和发展的过程中几乎都会经历初始、发展、辉煌、衰落的过程,事物从诞生走向衰退直至消失,有着自己的命运轨迹,这既是一种自然界的正常现象,也是新事物新文化替代旧事物旧文化的必然结果,因而自然赋予万物,万物也要回归自然,千百年来周而复始从未改变。

洋县皮影戏从产生到今天三百多年时间,历经了历史朝代的发展和变迁,在传承的过程中因为所处的时代不同,传承人在数量、质量上有着区别,从诞生到今天已传承六代,共五十七人,他们分布在洋县境内三十多个城镇或乡村,皮影戏最辉煌的时期是全县达到了四十八个班社,洋县境内演出长久不衰,在民众之间有着广泛的基础,班社的增多也形成了班社间的竞技斗戏,这也使洋县皮影戏有了更大的普及,同时也提高了艺人的演出质量。

改革开放以来,在新兴文化传媒和外来文化的冲击下,随着影视,多媒体和丰富多彩、种类繁多的音像制品的出现,洋县皮影戏的生存环境发生了质的变化,支撑传统文化的土壤不断流失,洋县皮影戏也随之慢慢地淡出了人们的视线,演出的场所被其他的艺术形式所替代,仅存极少的传承人因为生计逐步减少了皮影戏的演出次数,由于皮影戏为口传心授,唱腔旋律为戏曲曲调,唱词烦琐,乐器单调,伴奏单一,演出环境简陋等原因,所以愿意学艺者几乎没有,故而把皮影戏推向濒临消亡的边缘。

到了新的发展时期,在国家提倡文化大发展,文化大繁荣之际,洋县皮影戏所在的当地政府也意识到了对于传统文化艺术保护和挖掘的重要性,为此加大对于民族民间艺术门类的传承与保护力度。由于老的传承人相继离世,生存环境遭到了破坏,在这种情况下,于1984年由当地政府牵头,联系汉中市群众艺术馆,洋县文化馆,抽调这方面相关人员,结合所需物力财力,抢救和挖掘了一批洋县皮影戏的传统剧本,还原了皮影戏演出所需的道具和工艺制作流程。

在现代录音与成像技术的帮助下,整理挖掘了现存和即将失传的皮影戏原始唱腔,以及唱腔中音乐的录制与摄制,当地的艺术工作者还走访洋县境内的田间地头,乡村宅户,翻阅大量史料,查阅相关文献,做了大量的调查研究工作,为皮影戏的日常演出提供了所需基础保障,给皮影传承人提供了必要的物质条件,尽量设法为其创造出更为适宜的演出环境。

在政府和社会各界关怀的帮助下,不仅增加了皮影传承人的收入,增强了传承人的信心,从而又丰富了当地人民的业余精神文化生活,尽最大的努力为皮影戏的保护与传承提供了便利条件,洋县皮影戏的抢救与整理为其他艺术门类的传承保护提供了好的经验与借鉴。

以下是采取的保护措施。

第一,20世纪80年代以来,在县政府和洋县文化馆的帮助下,走访洋县境内辖区,调查了解皮影戏的现状,为挖掘保护做了前期细致的工作;走访了解皮影艺人的现状,收集现存的皮影资料,利用节庆组织皮影演出,定期约访皮影艺人,调查了解其生活现状;政府出资组织皮影戏的演出,广泛宣传皮影这一艺术形式。

第二,随着时间的推移,组织申报洋县皮影戏省级非物质文化遗产项目,进一步挖掘资料编辑汇册;聘请相关专家学者论证申报项目,给予申报前期的指导和意见;政府文化单位加大宣传力度,利用媒体全力支持申遗工作。

第三,已制订了长远的保护扶持计划,将洋县皮影戏传承更为久远。近年来,以何宝安为主要传承人的班底自身也加大了推广宣传洋县皮影戏的力度,

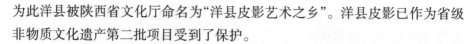

为此洋县被陕西省文化厅命名为"洋县皮影艺术之乡"。洋县皮影已作为省级非物质文化遗产第二批项目受到了保护。

四、洋县皮影戏的价值体现

洋县地处汉水流域,洋县皮影戏的形成得益于我国民族文化的博大精深,是广大劳动人民集体智慧的完美体现。汉水流域历史悠久,地理特殊,民族民间文艺种类繁多,长久以来随着人们相互交融,个体文化相互影响,相互渗透的情况下,形成了丰富的民间文化和民间艺术形式,其中民间音乐有山歌、茶歌、号子、民间小曲等类型,民间剧种有汉剧、汉调桄桄戏等类型,多种文化共同并存,各类民间艺术之间也取长补短,民间文化繁荣着所处的各个历史时期,陶冶着人民的情操,增进了人们之间的感情,起着纽带的作用。

洋县皮影戏的审美价值不言而喻,从美学角度来看,它体现出了自身的文化价值、社会功能、艺术表现等多种功能是提高日常人们艺术修养不可或缺的手段之一。

文化是纽带,洋县皮影戏自诞生后在发展过程中不断吸取了陕南当地多种民间剧种的唱腔精华和表演精华,在借鉴的同时也在创新,走出了一条与众不同的道路,为当地社会的民间交流、民间堂会、祭祀礼仪等发挥着自身的文化影响力,提供了多种艺术品种风格,和审美体验的作用。促进了文化的繁荣,缩小了地域概念,拉近了人们之间的情感,为其他地方剧种的发展和研究提供了好的借鉴和研究,作为汉水流域的一种文化形态,也为研究这一区域的民俗学、历史地理学、民族音乐学、美学等学科提供了具有实践意义的研究依据,这是洋县皮影戏作为文化功能价值的重要体现。

洋县皮影戏作为一种社会文化现象的存在,得益于它在演变过程中培育和发展了一大批忠实的戏迷观众,尤其是以洋县特有的习俗解读戏剧情景内容的表现,使观众达到了极大的满足,演出的内容来自民间传说和经典故事,洋县皮影戏在他传播的过程中,如在演《游地狱》这出戏中,要人生在世多做好事,积善积德的宿命论观点,在《员外娶妾》中则倡导夫妻真情,讽刺道德败坏,诙谐幽默夸张有趣的表演等。总而言之,演出内容大都从我国传统的三皇五帝到历朝各代及历史现实、神话典故、民间传说、伦理道德等,多以真善美的弘扬为主要内容,在欣赏之余,人们会自觉不自觉地被带入故事情节中,而真善美的灌输倡导无疑提高了人们的伦理道德观念,规范了自身的做人标准和行为准则,拉近了人与人之间的情感交流,观看的过程中,为文化程度较低的观众群体普及了知识,还让他们学到了处世为人的简单常识,不仅提高了自身的知识储备,在观看的过程中还形成了欣赏美、追求美、享受美的美学意向。观看洋县皮影的演出,使观众受益,同时还对社会的和谐稳定做出了一定的贡献,这是洋县皮影戏在几百年的发展中,是具有进步和积极意义的社会功能价值的具体体现。

众所周知,形象、形态、表象的质感是组成艺术表现的重要条件之一,任何一种文化形态的产生都具有自身独特的品质、风格、表现等多种因素,洋县皮影戏在发展中,也具有符合陕南民间民俗的美学造型艺术价值,科学是反映现实世界各种现象的客观规律的知识体系,皮影的影人和道具在制作的过程中初期,从原料选材到制作加工,每一道工序的衔接都含有科学而合理的一些因素。在这个的过程中,制作所使用的不同专用器具都传承了皮影制作过程自身总结积累的技艺,光初期的切割就有数十种刀具,每种刀具的切割方法和使用过程都极为讲究,这看似是一种工序流程和制作习惯,但更是一个精巧科学的制作过程,皮影物件的上色也严格地按照当地民风民俗色彩搭配和色彩融合的方法来进行,演出中幕后油灯为光源的最佳投影反光板(在油灯与幕墙之间以白布为折射反光材料而补充光源强度),使用也是依据光影成像的方法,这些都包含了一些科技元素,也折射出洋县皮影戏在传承过程中踏实的态度和严格的工艺,这是洋县皮影戏发展中科学功能的价值体现。

1.将传统文化融入包装设计的思考

传统文化作为人民的精神食粮,与商品这种物质食粮都是为人们服务的,而商品包装设计与传统文化有机地结合在一起这是一种双赢的策略,商品包装设计主要包括包装结构设计、包装造型设计、包装装潢设计、包装印刷设计四大方面,商品的包装设计体现了传统的设计手法,使传统文化元素在设计中再创造,会给消费者带来一定的民族认同感。

在我们日常生活中也会经常看到很多商品使用了传统元素,特别是节日用品,如茶叶、粽子、月饼、元宵等,常常会与传统文化紧密结合,书法艺术、青花瓷、剪纸、刺绣、脸谱等多种富有想象力和寓意的图案被广泛采纳。而在如今高速快捷的生活方式会使人们更加向往心灵的宁静,希冀远离喧嚣、回归自然,而民族化的设计元素会使人们产生一种文化的共鸣,产生一种心理的皈依感。所以越来越多的消费者和设计师喜欢上了民族化的设计产品。

将传统文化融入包装设计,不仅仅是元素的照抄照搬,更要考虑时代的需要,消费者的需要,甚至是文化的发展需要,要让中国传统元素的包装既有时代感又不能摒弃传统文化的核心寓意。

2.汉中地区代表性传统文化元素

陕西汉中市作为两汉三国发源之地,至今已有两千多年的历史,其深厚的文化积淀创造了丰富多彩的非物质文化遗产,有民间文学、民间音乐、民间美术、民间手工艺等很多方面,本文侧重于民间传统美术方面。

(1)洋县皮影

洋县皮影在清朝乾隆年间由关中地区传入洋县,因其使用小铜碗作为主要伴奏工具而被称为"洋县碗碗腔",已有300多年历史。其角色、布景皆用上等牛皮刻制。雕刻技法独特,洋县皮影人物及场景多以镂空为主,采用推皮走刀、转皮不动刀,刀凿并用,点线分明,虚实有致,是玲珑剔透的皮影长而不冗,单纯质朴的皮影简而不空;而在绘画上结合传统绘画的线描形式,染色简洁明快,使皮影色彩简而不单、丽而不艳,如图7-19所示。

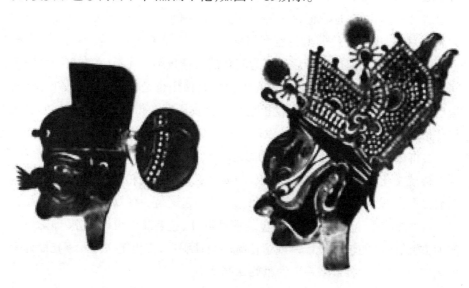

图7-19 洋县皮影

(2)石门十三品摩崖石刻

石门为褒斜栈道南端的一段隧道,于东汉年间雕刻,内容是汉魏以来的大量文人骚客们的题咏和记事,因修建水利而被搬至汉中博物馆,石门十三品在书法艺术上有重要地位,被称为"国之瑰宝",无论在书法方面还是雕刻方面都有很高的研究价值。而曹操的"衮雪"二字更被称为目前唯一能见到的曹操手书真迹,如图7-20所示。

图7-20　石门十三品摩崖石刻

（3）宁强羌族刺绣

在汉中市宁强县为羌族聚集地，羌绣早在明清之时就已小有名气，如今羌族大多数人还保持着传统服装的习俗，宁强羌绣针法多样，如"十字绣""串挑绣""编挑绣"都十分有名，主要用于服装鞋帽等，图案寓意吉祥，色彩鲜艳，工艺精巧，精美绝伦。

3.如何将传统文化融入包装设计

（1）传统文化元素的提取

传统文化元素可包含传统图案、传统文字等。

传统图案一般都是以描述剧情或者吉祥图案为主，体现人们向往美好的生活。无论是皮影艺术还是羌族刺绣艺术都是由图案组成的，皮影艺术根据人物与场景的不同，主要包括古代宫殿、元帅帐房、菩萨坐的莲花、古代人物、车马、动物、现代人物等，而羌族刺绣艺术主要以吉祥图案为主，如狮子滚绣球、吉祥梅花、锦鸡穿牡丹、金瓜银灯等。

传统文字具有代表性的文字的提取，如书法艺术、印章艺术等。包装设计借鉴书法艺术的设计原则，要理解书法艺术的创作技巧以及神韵，如曹操的"衮雪"二字，因为它的唯一性可增强其识别性。

（2）包装对象的选取

现如今经常使用传统文化元素进行包装设计的包装对象的提取可以选择传统商品、地方特产两种。

例如，汾酒盒的外包装就使用杏花村的图形；西凤酒的外包装使用凤凰的图腾设计；浙江舟山本地的月饼品牌使用渔民画的形式。

地方特产则根据不同地域的不同特产进行有针对性的包装设计，既提升了产品的知名度,又宣扬了传统文化,对于汉中地区而言,由于其群山环绕的地理特点,特产主要以茶叶、药材、干果类、山珍类、米类为主。

(3)合理方法设计包装

包装设计中引入传统文化元素可以采用多种表现手法,如比喻、象征、重构、变化、打散、分割等方式,借助传统的图形纹样、书法艺术、名胜古迹、文化遗产等导入现代包装设计理念。从而赋予产品全新的文化内涵。将地方传统文化艺术与特产包装相结合,既可以宣扬传统文化,又可以增加消费者对地方文化的理解,提升民族皈依感。为地方文化走向全国走向世界提供了一种传播载体。同时,我们也要考虑市场的需求、消费者的审美习惯以及商品运输及销售方式的选择等多方面元素,尽量将包装设计做到尽善尽美。

以汉中特产洋县五彩稻米为例,将传统文化皮影艺术与五彩稻米外包装相融合。五彩稻米产于全国黑米渊源地、世界珍禽朱鹮的栖息地——陕西省汉中市洋县。这里土壤、水质、大气等环境指标都达到了国家无公害要求。其含有黑、红、黄、绿、紫五色,纯天然色泽,无污染、无公害。而洋县皮影艺术的人物图案以结构复杂、色彩以繁多艳丽为特色,在提取图案基础上,考虑到包装设计的时代特色,如在包装结构包装造型上采用提携式、陈列式、组合式结构,而包装装潢设计方面色彩使用以及编排设计采用简洁大方的原则。使包装既有文化内涵,又注重现代气息,如图7-21所示。

图7-21 汉中稻米包装

民族的就是世界的,要让民间传统文化走向世界,我们需要从多方面进行努力,而将民间文化元素应用于包装设计是设计师们需要不停探索研究的一大课题,包装产品既有文化内涵又具有现代风格,使消费者在购物的同时增加民族认同感。

第八章　包装设计的发展与现代包装方法

第一节　包装设计的历程与演变

一、萌芽时期的包装

包装是人们生活的产物,人类通过捡拾自然的物品(如宽大的树叶、竹筒、贝壳等材料),施以简单的加工手段(如打制、捆扎等方式)来实现对食物、饮用水的盛装和包裹,以便实现物品的保存、分发、运送。这些采用简单的材料、容器、技术来实现对物品的盛装、捆扎、包裹,虽然不属于现代意义上的包装,但是作为包装的萌芽阶段,具有重要的历史意义。

到了新石器时代,人类除了继续从事捡拾、狩猎、捕鱼等活动以外,还出现了原始农业和畜牧业,人类改造自然、支配自然的能力明显增强。

随着后期剩余物品的不断出现,加大了原始人类对水、食物、种子、原始工具等进行长时间存储、运送、保护的需求,这使得原始包装得到进一步的发展,最有代表性的是陶器、骨器的出现,其中陶器是原始社会最为完美的容器。例如,距今7000年左右的我国仰韶文化中的陶器,不仅形体优美,其装饰上也绘制了精美的彩色花纹,反映了当时人们生活的部分内容及艺术创作的聪明才智,虽然是原始的状态,但代表了当时最高的包装(容器)水平。

二、古代包装形象

(一)中国古代包装形象

1.奴隶社会时期的包装形象

原始社会末期,生产力的发展使社会出现分工。人们开始用自己剩余的物品来交换和获取需要的物品。随着农业和畜牧业逐渐分离,交换活动更加频繁,原始商业活动开始出现,如用剩余的粮食去换取家禽、布匹、工具等。各种产品当地盛装的状况已经不能满足人们的需求,由于更远距离、更大范围物品交换和运输的需要,人们开始用手工加工(而非拾取)藤条、竹子、荆条,并将其编织成篮、筐篓等,用于包装物品运送到远方的集市。这些活动的出现,使包装材料、包装手段得到了进一步发展。

我国在奴隶社会时期出现了货币,商业活动飞速发展,农业生产已经非常发达,能够用多种谷物酿酒,在畜牧业上掌握了马、牛、羊、猪、狗、鸡的养殖技术,并且开始了人工养殖淡水鱼。手工业全部由官府管理,分工较细,规模巨大,产量大,种类多,工艺水平高。商周时期的纺织和青铜器制造日益发达,更多的器皿和丝织物成为人们生活的必需品。由于青铜器的制作相对复杂,再加上人们赋予青铜器的某种特殊的内在精神含义,青铜器在当时不仅是作为盛装物品的器物使用,更多的则是作为礼器和具有一定象征意义的重器使用。同样,丝绸丝织物有平纹的纨,绞纱组织的纱罗,千纹绉纱的縠,已经掌握了提花技术。因此,青铜器和丝绸即使是被作为了盛装和包裹物品的包装物,也是仅限于局部使用,对于社会日常生活中的包装,没有更多的实际作用。更为普遍出现的是棉麻制品,成了包装普遍应用的材料❶。

到商代后期,都邑里出现了专门从事各种交易的商贩,从事商品交易买卖活动,他们出于控制和满足市场的需要而囤积商品,使商品的包装得到了很大的发展,陶器也已经成为普遍应用的包装容器。

2.封建社会时期的包装形象

(1)战国初期至秦汉时期的包装形象

战国、秦汉时期的社会较为兴盛,这无疑对包装的发展起到了极大的促进作用。其中髹漆技艺使包装物从材料到形态都发生了全新突破。

战国初期,生产力得到进一步发展。秦汉时期,社会百业、百艺的兴盛,使包装得到了长足的发展。漆器工艺的兴起和运用,使包装的种类和材料有了新的突破。由于漆器具有胎薄、坚固、体轻、耐潮、耐高温、耐腐蚀等特点,又可以配制出不同色漆,光彩照人,所以漆器由最先是礼器和贡品,发展到后期以生活用器所占比例最大,体现出了极大的实用性,如食器、酒器、盥洗器、承托器、梳妆用器、娱乐用器、文房用器等,种类繁多,应有尽有。

1972年,长沙马王堆出土了大量的漆器,在出土的彩绘双层九子奁(女子梳妆用的镜匣,泛指精巧的小匣子)中,可以清晰地看出漆器的包装样式。匣

---

❶袁维青.那些年,那些事——目睹我国包装设计交流之历程[J].湖南包装,2017,32(3):1-7.

子的边缘用贵金属沿边镶嵌,不仅加强了包装的结构强度,还使器物具有优美华丽的装饰效果。

这时候,用草、竹、苇等植物纤维编织的大宗物品的包装已经十分普遍,编织花样也十分复杂。例如,用荆条、竹子编织的箩筐盛装粮食,用苇草搓制的绳子来捆扎羊皮、陶器、瓷器等。公元105年,东汉蔡伦用树皮、麻头、破布、渔网等造出便于书写的纸,又称"蔡侯纸"。造纸术的改进,在促进了包装材料发展的同时,也被广泛地应用到食品、茶叶、草药等日常物品的包装上。

(2)唐宋元明时期的包装形象

唐宋元明时期(618—1644),城市规模不断增大,商品市场空前繁荣,手工业作坊更加细化,陆地、海运贸易异常活跃,贸易往来十分频繁,使包装材料、技术不断发展,并呈现出独有的时代印记。

唐代开辟了独具时代风格特点的包装形态和制作技艺。佛教的传入和佛事活动的广泛开展,产生了大量与佛事相关的宗教包装种类,如与之相关的经文、法器、画像、石刻、铜像等,这些物品也形成了独特的宗教包装类别。这类包装不仅用材考究,注重包装的基本保护功能(如防潮、防震、防虫、防腐等),而且随着始于隋朝的雕版印刷技术的发展,以图案作为包装物的表面装饰开始应用。其装饰纹理严肃、神秘,带有宗教特有的风格。

此外,与教义没有直接关联的、作为纯粹装饰存在的各种植物、动物、人物和风景等,尤其是各种花卉纹样装饰,异彩纷呈,盛况空前。这些包装的图案、色彩诠释的是人类对神的敬仰和祈求保佑的思想,这和现代包装设计要求的装饰美感与心理的引导作用基本是一致的。

宋代的城市商业规模趋于成熟,手工业生产得到了极大的发展,对外贸易亦十分活跃。瓷器、漆器、纺织品等已成为我国重要的出口商品,这必然促进包装的空前繁荣。当然在频繁的商品交易中,对于商品的包装有着极为重要的推动作用。

宋代的五大名窑更是驰名中外。瓷器不仅取代了以往众多包装容器的式样和功能,也成了重要的商品。而针对瓷器的大量生产和销售运输,包装方式的进步势在必行。不过当时的宋代人已经很好地解决了这个问题。北宋《萍洲可谈》中提及,瓷器的包装要"大小相套,无少隙地",即是如此。

宋代用纸包装日常用品非常普遍,而且针对不同的物品,包装也会有相应的不同讲究。例如,糖果蜜饯"皆用梅红匣盛贮",五色法豆要用五色纸袋盛之等。又如,采用鎏金、焊接、錾花等工艺技术制作而成的形态精致、装饰精美的金银包装器物不断涌现,包装装潢上采用传统龙凤题材与宝相花、缠枝花卉及鸟兽巧妙穿插结合。雕版印刷的黄金时期也在宋代,而且这种新技术一出现马上就被包装所采用。许多地方形成了大规模的刻印中心,印刷术也广泛地应用到包装设计中,如在货物包装纸的表面印刷上商品名称、商店名称,体现吉祥、祈福的传统图样。现存保存最为完整的这一时期包装类印刷品是北宋时期山东济南"刘家功夫针铺"的包装纸。包装纸中间是一个吉祥兔子的标示,上面是商店的名称,两侧为商店独有的标记说明,下方为商品的特色。总体版式设计完整,图样明显,文字简洁易记,不仅说明了商品的自身信息,更加体现了明确的商品促销功能。包装技术在延续以前的包装方法的同时,也得到了明显进步。例如,明朝时对瓷器的包装结构安全性上就有很完善和成熟的方法:"在包装瓷器时,每一瓷器之间撒上泥土以及豆麦,用搓制的麻藤捆扎在一起,然后用水淋湿,放置在潮湿的地方,等待时日,豆麦就会发出长芽,把捆扎的瓷器牢牢地固定在一起,再把其放置高处投向地面,没有损坏时就可以长距离运输了。"通过上面的叙述,我们可以看出,这时的瓷器包装技术已经采用了垫衬、捆扎、套环等多项减缓磕碰的技术,体现了较高的科学性。

元代的包装除了秉承过去的一贯传统方式外,还出现了具有蒙古民族特色的包装物品。皮质包装的推广,在蒙古族历史上非常悠久,皮革材料制作的袋囊,是人们生活中必备的日常用品。它采用动物的皮、内脏为主要的材料,以其优越的耐磨、耐冲击、方便携带、材料来源丰富等特点,深受蒙古民族的喜爱,并一直延续到现在。

元代的漆器制作非常精湛,也出现了一些漆艺大家,漆艺包装物也显得十分珍贵。

(3)明代至20世纪初的包装形象

明代的社会商业化程度更高,对外贸易更加活跃。从定陵墓中出土的盛放玉圭、佩饰、谥宝、册、凤冠等物的漆器包装上,可以清晰地看到明代包装物制作技艺的状况。这一时期的包装较之前则有进步。另外,瓷器的包装在明代已经形成了比较完善的方法。

明代由于铜胎掐丝珐琅制作技术的完善,特别是在景泰年间的作品最为闻名,这些全新的器皿样式和特质,无疑为包装增添了新的模式。

清代,包装方法及包装物的制作技艺逐步趋于娴熟。包装的种类也更加多样,包装材料也更加丰富,包装技术也更加普及。但在总的趋势上,由于材质所限,更多的是延续历史上的包装,没有更多的创新;特别是闭关锁国的统治政策,不能更多地与外部交流沟通,妨碍了制造业、商业和对外贸易的发展。

(二)世界范围其他国家的包装

世界包装范围内,文化起源较早的古埃及、古罗马、古希腊等国家和地区,也是包装起源发展较早的,这些国家和地区和我国早期人类发展一样,也是延续着从打制石器到磨制石器再到陶器的过程,其中最具有代表性和卓越的是玻璃包装材料的运用。在出土的埃及第五王朝时期的大量酒杯、花瓶玻璃文物中可以看出当时玻璃器皿在贵族生活中的应用,大约在4世纪,罗马人开始把玻璃应用在门窗上。

到了13世纪末,意大利进入了著名的"威尼斯玻璃"的鼎盛时期。到17世纪下半叶,意大利玻璃制造商发明了"人工水晶",又称为水晶玻璃。人工水晶由于其透明度高、折光性能好、厚重、耐切割,便于精雕细刻等优点,被广泛运用到食品、饮水、化妆品包装等人们日常生活中,成为玻璃发展史上的重要里程碑,也大大促进了包装材料的发展。

总体看来,这一时期包装发展年代久远,使用普遍,生产方式虽然是以手工制作为主,但在包装材料上已使用植物纤维、纸张、陶瓷、皮革、玻璃、漆器等;包装技术上已采用了透气、透明、防潮、防腐的处理;包装装饰艺术上也掌握了对称、比例、协调、均衡等形式美的艺术规律,使包装不仅具备简单的保护功能,更体现了古代审美的人文价值。这些包装的运用,有的一直延续到现在,在发展商品经济和方便人们生活的过程中,发挥着重要的历史作用。

三、近代的包装

两次"工业革命",是包装的近现代时期,这一时期包装产业发生了巨大的变化。随着机械化大生产在各个行业的不断扩展,包装机械产业化开始形成,包装技术发展日新月异,包装材料由人造材料不断取代自然材料,包装的规范化标准开始诞生,包装艺术设计风格化不断展现等,这些巨大的进步,为现代包装的产业发展提供了重要保障。

(一)近代包装机械技术的演进

工业革命引起生产组织形式的变化,使用机器为主的工厂取代了手工工场,从手工业作坊过渡到以蒸汽机为代表的第一次工业革命后,近代包装的进步与机械化(如包装印刷、储存、密封机械等)的发展有着密切关系。

我国宋朝时期,毕昇发明了胶泥活字印刷术,实现了手工排版印刷,大大提高了印刷的数量和质量。

1450年左右，德国人约翰内斯·古登堡受到中国印刷技术的影响，将当时欧洲已有的多项技术整合在一起，发明了铅字的活字印刷，很快便在欧洲传播开来，推动了印刷工业化的发展。

1846年，美国人理查德·霍发明了高效的滚筒印刷机，这种印刷机每小时能印刷8000张纸，大大促进了出版印刷事业的发展，使图案、标签在包装上的应用广泛推广开来。

第二次工业革命到来的1855年，印度人开始使用麻袋制造机，使大宗物品的包装成本大大降低；1886年，美国人泰勒发明莱诺铸排机，提高了排版效率，也减轻了操作者的劳动强度，这种机械最大的特点是可将铸字、检字、排版等多道工序整体一次完成，大大提高了排版印刷的效率。

1892年，美国人威廉·佩恩特改进了玻璃瓶塞的技术，发明了"皇冠型瓶盖"，使玻璃瓶塞的密封变得简单、有效、密封性强。

在1900年的巴黎世界博览会上，第一台凹版印刷机的展出，使得印刷制品具有了鲜明的特点：墨层厚实、层次丰富、立体感强、印刷质量好，为以后广泛地应用到精致的包装彩色图片、商标、装潢品等奠定了坚实的基础。

（二）近代包装材料的演进

19世纪商品包装发展较为迅速。前30年，由于印刷业的低成本，从而促进了包装工业的使用和发展；但是，后50年真正改变它的是低成本彩印的出现，它使简陋的铁皮盒子，有标签的瓶子和简单的纸盒变成了绚丽多彩的精美包装。当然也有一些商品没有被新的包装所影响。例如，装姜汁和啤酒的粗陶罐子，它们保持着原有的形式，直到19世纪30年代才被淘汰。

在19世纪初，一种罐装碳酸饮料的玻璃瓶被开发。人工生产的矿泉水自18世纪70年代就有人制造了。碳酸类饮料较容易挥发，因此，瓶塞的问题就十分重要。1814年，发明了一种尖口瓶，它以发明者哈米尔顿（Hamiltan）的名字命名，这种瓶子必须平放。此后，这种瓶子一直使用了近六十年而没有改进。直到1872年，英国人用一种新的方法淘汰了尖口瓶。其办法是通过泡沫饮料的压力将一只玻璃弹子紧压在瓶口。同年，一种带螺口的瓶塞被发明，对瓶塞的生产产生了一次新的革命，它装置简单、使用方便，在全世界流行了一百多年。

在美国，威士忌玻璃酒瓶的制作自19世纪20年代就成为一种艺术。例如，在瓶子上铸造乔治·华盛顿的肖像。在英国，最受时间考验，也是最受人钟爱的玻璃瓶子大概要属罗斯（Rose）公司的酸果汁瓶了，它大概是在19世纪60

年代设计出的,一直持续到1987年,如今它已被塑料瓶所取代。

1819年,美国诞生了世界上第一家马口铁(又称镀锡薄钢板)制罐企业。金属罐装食品的方法从1837年以后开始采用,这时玻璃罐子对许多食品来说,已经变得太昂贵了。1861—1865年美国"南北战争"期间,由于战争的需要,铁质罐头食品包装被广泛应用。战争结束后,由于其封闭性、保鲜性好,被普通消费者认可,成为铁质包装食品材料发展的重要里程碑。

在19世纪上半叶,日用品包装主要以铁盒为主,其中最为突出的则为铁盒包装的饼干。饼干生产的机械化进程在19世纪50年代使饼干业的发展得以突飞猛进,甚至供过于求,这时铁皮盒子发挥了巨大作用,它能更好地保护饼干,防止易碎,从而使得饼干可以出口。1868年,印铁技术的发明,使色彩艳丽的颜色可以直接印在铁皮上。随后石版印刷的发明,又使印铁技术更上一层楼,盒子的造型设计也趋向多样。到20世纪初,它可以模仿鸟巢、动物、植物或是一排书籍的造型。饼干盒子的成功经验也启发了其他厂家,芥末、可可和烟草公司等都如法炮制。在以面包为主要食物的美国,铁皮盒子的使用很有限,直到19世纪80年代,美国人的饼干还是装在木盒或木桶中。

品种繁多的纸盒和包装纸迎合了廉价包装的要求。在19世纪50年代,有些纸厂制造了成品纸袋,它们逐渐开始在零售包装中扮演主要角色。第一台制纸袋机是由美国宾夕法尼亚州的弗朗西斯·沃尔于1852年发明的。直到1873年,这个想法被来访的英国人艾丽莎·罗宾逊注意到,该项技术才传到了英国。到了1902年,罗宾逊已拥有17台制纸袋机,并继续雇用400人用手制作纸袋。制造纸盒的技术于19世纪早些时候为英国、法国和美国人所掌握。市场上需求范围较大,从小药盒到大帽盒都被需要。在英国,19世纪50年代末,罗宾逊公司可以生产300多种不同种类的盒子。几年后,由于圣诞礼品时尚的兴起,一种新的圣诞礼品巧克力的需求量大增。1868年,弗莱和凯德伯利糕点公司相继推出了一系列装潢精美的纸盒巧克力,来向英国公众展示。当然,最终以纸盒替代包装纸还是经历了一个较为漫长的过程。值得注意的是,今天的情况又出现倒置的趋向,在包装上常常用设计图案讲究、印刷效果精良、纸张质地上乘的包装纸把纸盒再行包装,这大概是当今时尚吧!

1841年,美国著名的画家兰德,为了方便携带和使用色彩颜料,发明了一种以铅薄板代替早期用动物膀胱作为颜料盒的包装软管。到了1850年左右,欧洲很多国家已经开始使用金属(如锡、铅、铝等)软管,为一些日常用品提供合适的包装,这引起了一些商品包装形态的改革。1893年左右,维也纳人塞格发明了现代意义上的牙膏,接着世界上第一家牙膏公司"高露洁"将牙膏首次装入金属软管中进行销售,很快得到了消费者的喜爱,后来由于铅金属毒性较大,不久后就被铝制软管所代替。

1868年,美国人约翰·海尔为了替代用象牙材料制作台球,发明了赛璐珞(假象牙的别称),也就是现在的塑料原型,这在包装材料史上具有重要的意义,由于当时制造成本较高且易燃,塑料包装的应用普及还十分有限。

1871年,美国人琼斯发明了瓦楞纸,由于瓦楞纸质量较轻、结构性能好、成本较低、抗压性较好、便于折叠等特点,很快便替代了木箱包装的地位,大大促进了运输包装的发展。

在19世纪80年代,威尔斯为他们的香烟列出了许多富有浪漫色彩和异国情调的名称,如甜蜜花、金秋、晚星、主教之火等。这些商标名称赋予产品不同凡响的魅力。这些全新的、事先包装好的产品,将某种制约强加在消费者身上。因为,以往人们想看到和品尝到产品是可能的,但是现在它却经过详细检验后被密封。不过,既然产品已被包好,那么就更加要求在包装设计上下功夫,用包装本身去说服顾客,吸引顾客去购买。包装设计讲求一目了然。一个色彩丰富、鲜亮夺目、令人兴奋的形象,不仅可以吸引顾客而且还能给产品一种整洁和新鲜的感觉。另外,厂家们开启了一整套设想来润饰他们的品牌,以增加人们对品牌的信赖感。

(三)近代包装艺术风格的演变

1.国外近代包装艺术风格的演变

工业革命以后,随着人类科技的进步,商品流通更加的便捷和频繁,包装的产业化开始日渐形成,这些变化使得商品在销售竞争方面日益激烈,商品包装开始展现出优秀的促销功能,包装艺术得到了发展,并呈现出不同的设计风格。

整个19世纪,欧洲大陆的设计艺术基本在"维多利亚风格"的统治之下,其讲究精致、复杂的装饰、材料的绝对华丽、用色的对比强烈以及写实自然主义风格,对于自然和装饰的唯美体现得到了最大化地发挥,这些特点对这一时期的包装艺术产生了巨大的影响。

到了19世纪末20世纪初,新艺术运动开始并迅速达到高峰。"新艺术"运动抛弃了烦琐矫饰的"维多利亚风格",力求在自然植物和东方艺术上吸取营养,主张有机的曲线风格,并以其对流畅、婀娜线条的运用、平面图案与人物有机地穿插以及充满美感的女性形象而著称。这种风格直接影响了建筑、家具、服装、机械产品、平面设计以及字体设计，更推动了包装设计风格、形式的转型与创新，出现了许多优秀的包装设计，骆驼香烟包装促进了现代包装设计中重要的视觉因素——商标的诞生。

英国立顿茶叶的包装是公认的现代包装的先驱。在18世纪中期，立顿茶叶上就有了"立顿"的商标，并且有了"从茶园直接到茶瓶"的广告语，这种商品包装艺术的展现，使得立顿茶叶深入消费者的内心，确立了企业的品牌形象，大大促进了茶叶的销售。

英国布洛克邦德是与立顿相媲美的茶生产企业，其商标也广泛地运用在红茶包装上。著名的美国饮料公司——可口可乐公司在1885年诞生了弗兰克梅森·罗宾逊设计的包装商标，后经过改进成了现在世界上最为著名的商标之一。

2.我国近代包装艺术风格的演变

我国近代时期，产品包装的发展情况是从1840年鸦片战争以后慢慢发展起来的。辛亥革命以后我国民族工业产品增多，包装也越来越多，题材大多是表示吉祥寓意的，如龙、凤、虎、牡丹、鹤等，也有一些是从国外传来的其他内容。

四、现代的包装

20世纪，包装行业随着社会工业化的不断深入、信息化的开始出现，已经成为社会经济中重要的工业体系，尤其是20世纪30年代以后，西方资本主义国家已经有了专业的包装设计人员，包装设计已经成为国民经济中重要的产业之一。这一时期的包装产业与传统包装相比，发生了根本性的变化，尤其是电子信息时代的到来，使包装设计更加呈现出绚丽多彩的面貌。

（一）现代包装机械技术演进

包装机械技术不断革新和发展，1861年德国建立了世界上第一个包装机械厂，并于1911年生产了全自动成形充填封口机。1902年美国生产了重力式灌装机，大大提高了包装的效率。20世纪40年代以来，新材料逐渐代替传统的包装材料，特别是采用塑料包装材料后，包装机械发生了重大变革。超级市场的兴起，对商品的包装提出了更新的要求。为保证商品输送的快捷安全，集装箱应运而生，集装箱体尺寸也逐渐实现了标准化和系列化，从而促使包装机械进一步得到完善和发展。

到20世纪80年代后期，随着微电子技术的发展，计算机技术的快速应用，信息时代开始到来,包装机械电子化、自动化不断形成,主要有容积式充填机、封口机、裹包机、全自动枕式包装机等。

而20世纪90年代,包装机械信息化已经步入成熟期,包装机械智能化开始展现;英国人率先使用计算机控制无菌机器人在无菌环境下进行药物的生产和包装,从而开启了信息时代的包装新时代;法国新开发和利用计算机控制机器人操作的瓦楞纸箱成型、商品装箱和封箱以及托盘运输包装的自动包装作业系统等;德国人应用了电子计算机和光学摄影机等组成的检验装置对生产出来的产品进行检查,然后将检查结果经过设备传入计算机,计算机进行自动对比与识别,再由机器人选出来不合格的产品,而合格的产品则进行包装。随着时代的发展,包装机械应用现代先进技术、尖端科技,正大踏步向智能化方向发展。

(二)现代包装材料的演进

塑料的诞生早在19世纪中期就已经出现,到了1907年,美国人贝克兰合成了酚醛塑料,同年申请了专利,从而意味着世界上出现了第一种人工合成的塑料。它的出现,标志着人类社会正式进入了塑料时代。

1920年,苯胺甲醛塑料诞生,1938年聚酰胺塑料(又称尼龙)以及以后聚乙烯、聚丙烯、氟塑料、环氧树脂、聚碳酸酯、聚酰亚胺等这些可塑材料的诞生,开启了包装材料的历史性变化。塑料制品色彩鲜艳,重量轻,不怕摔,经济耐用,这些特点使塑料一跃成为现如今仅次于纸的世界第二大包装材料,它的问世不仅给人们的生活带来了诸多方便,也极大地推动了包装工业的发展。

1911年瑞士糖果公司开始用铝箔包装巧克力,1938年可热封式铝箔纸问世,主要用于高档商品、救生用品和口香糖包装。20世纪40年代,涂蜡防潮玻璃纸开始应用到食品、机械零件的包装上;50年代,瑞典的一家牛奶公司使用塑料合成纸来包装牛奶;60年代,铝制易拉罐诞生;70年代,食品无菌包装技术、脱氧包装技术问世;80年代,彩印技术广泛应用……这些包装材料与技术的进步,使包装容器出现多样化,进一步满足了消费者的需求。

(三)现代包装艺术风格的演变

1.外国现代包装艺术风格的演变

20世纪20年代,现代主义设计思潮较为流行,它主张功能第一、形式服从功能、技术和艺术应该和谐统一,抛弃前人对"设计就是艺术"的认知,提倡简单、直接、少装饰的设计表现,注重设计应该与企业紧密结合,转变数千年来设计只是服务少数权贵阶层对象的观念,从而提出设计面向广大普通消费者的设计思想。在这一设计思想的指导下,20世纪30年代后,包装设计师开始考虑功能性要求,强调包装信息的视觉传达,这就使得现代标识、色彩、图案、文字等平面设计元素不断强化在商品的包装上,形成了这一时期独有的包装风格。

"KIWI"是世界上著名的鞋油品牌,从1906年开始,"KIWI"包装就一直沿用红白相间的色彩和几维鸟图案作为其区别于其他品牌的设计标志。现在其产品在140多个国家销售,产品有几十个系列,但其独特的视觉包装都是一致的,除了产品本身优秀以外,没有过多的装饰且简单、细致、独特的视觉包装形象,使之畅销100多年,给消费者留下深刻的印象。

此外,这一时期经典包装形象层出不穷,包括壳牌(Shell)、可口可乐(Co-caCola)、汰渍(Tide)、奥妙(OMO)、兹宝(Zippo)、百事可乐(Pepsi)等包装形象都是在"现代主义风格设计思潮"影响下的产物。

第二次世界大战后,随着世界政局稳定、社会经济复苏,物资不断丰富,尤其是自助式市场"超市"流行开来,人们对商品的选择余地不断加大,市场中简单、直接、单调的现代主义商品包装不再吸引人们,而体现地方性、人性化、个性化、幽默化的商品包装开始出现,并迅速得到人们的喜爱。具有悠久历史和深厚文化底蕴的欧洲国家也开始纷纷提出"文艺复兴""装饰复兴"的设计思路,东方国家尤其是日本,开始在东方文化影响下的传统符号、图案、色彩中挖掘装饰元素,并运用到商品包装中,极好地传播了自身的民族文化、体现了地域特色,拉近了商品与消费者的文化距离,受到了消费者的欢迎。

2.我国现代包装艺术风格的演变

20世纪30年代,在火柴盒和布匹等商品上出现了宣传国货、宣传爱国、唤起民众的文字和图案,如钟牌、爱国牌、醒狮牌商标等。值得一提的是,天津东亚毛呢纺织公司生产的"抵羊"牌毛线,原来是叫"抵洋"牌,后因为这个商标词太显露,在当时很可能会招致麻烦,于是设计者决定稍微隐讳一些,将"抵洋"改为"抵羊",一语双关。包装图样采用两只山羊两头相撞,死死相抵,绝不退让,以表达抵制日货的情绪,同时突出宣传"抵羊"牌毛线是"国人资本、国人制造",使用国货是爱国行动。这是当时我国民众抵制洋货,抵制外国入侵的革命热潮中最富于时代特征的例子。

在中华人民共和国成立以后的经济恢复和第一个五年计划时期,由于国家的重视,包装工业有了一定的恢复和发展。这个时期包装工业发展初具规模,兴建了一批纸、塑料、金属、玻璃等包装材料工厂,为之后包装工业的长足发展奠定了基础。

1971年和1972年,外贸部连续两年举办进出口商品包装对比展览和包装装潢设计人员座谈会,大大推动了我国出口商品包装设计的发展。1973年和1975年,全国从事包装设计的人员先后自发组织成立了两个全国性的包装设计学术组织,这是我国现代包装设计的开路先锋,从此不断涌现出水平较高的现代包装设计。

1980年以前,我国包装行业没有形成体系,包装工业相当落后,无论是机械设备、原辅材料,还是加工工艺及设计制造水平都很低,技术力量严重不足,人才奇缺,包装成了国民经济发展中的一个极其薄弱的环节。随着科学技术的发展,我国进入以社会主义现代化建设为中心的新时期,现代包装工业体系逐步形成并迅速发展。

进入20世纪80年代之后,随着我国改革开放政策的实施,外贸出口商品的品种、种类、数量和销售地区迅速扩大。为适应现代化的国际市场,通过频繁的国内外包装学术交流和参加大型的包装设计展览,分析我国存在的因包装不善造成的巨额经济损失,不但引起了我国政府和有关方面的极大重视,也使人们对产品包装有了较全面的认识。全国多种形式、不同级别的包装大赛,如"中国之星""中南星""华东之星"等层出不穷,涌现出了许多优秀的包装设计作品。

目前,我国已建立起门类齐全的包装工业体系,能够满足国内消费和商品出口的需求,不少包装产品在国际市场赢得了良好声誉,为保护商品、方便物流、促进销售、服务消费发挥了重要作用。特别是在食品、医药、化工产品等包装设计方面,无论是材料选择、加工技术,还是各项功能特点,都具有相当高的水平,特别是在包装结构造型设计和产品包装设计方面,在国际市场上赢得了良好的荣誉。

综上所述,回顾包装形象的历史演变,在人类社会早期它是自然形态或是对自然形态的模仿。这里所谓模仿,是以自然形态为形式标准更换成其他材料。随着技术发展以及审美水平的提高,人们开始考虑怎样能做得更好。于是,进一步产生了在自然中寻求美的典范、揭示形态美的秘密的欲望;对于被认为美的动物、植物、矿物质进行分析研究,发现了诸如左右对称、大小均衡或和谐比例等美的形式原理,将这些原理运用于人为形态包装用品。当艺术与设计发展到一定阶段,进一步提高的难度越来越大,而商业竞争又对包装形象提出了新的要求。这时,站在营销战略的高度研究消费心理,研究人类视觉传达的规律与机制应该成为解决新时代包装形象问题的科学方法。

第二节　绿色包装与概念包装

一、绿色包装

随着工业、制造业的发展,人类的生态环境也遭到了严重的破坏,这是所有设计师目前所要面对的实质问题。具体而言,设计师在对包装材料设计时,应具有强烈的环保意识,尽量选用环保的、人性化的、可循环利用的材料,尽量考虑印刷工艺要求、最终的废弃处理等问题,只有这样才能减少对环境的破坏。绿色包装在包装设计领域中的方法主要体现在以下几个方面❶。

(一)永久使用的可返回化

例如,被广泛使用的牛奶瓶、啤酒瓶等,对这些反复进行利用就是所谓的可返回。但这种方式也有一定的弊端,如为了寻求包装容器的耐久性往往使用较重的物品,回收时在清空、配送、清洗容器等环节要耗费比较多的人力及运输能源。

另外,还有些儿童食品包装,如玩具糖果、小篮子果冻、圣诞老人巧克力等,外形设计生动有趣,包装的造型、装潢和工艺都非常精致耐看,独具特色,吃完里面的食物后,可以把外包装留下来作玩具使用。重复使用化设计包含三个方面的内容,即产品部件结构自身的完整性、产品主体的可替换性和结构的完整性、产品功能的系统性。

(二)再生材料利用

环保观念的核心是"减少、回收、再生"原则,它强调尽量减少无谓的材料消耗,重视再生材料的使用。有效利用再生纸、再生纸浆、再生塑料、再生玻璃等,在再循环过程中既要有物质回收又有能源回收。

例如,有些手机、鼠标等电子产品的包装,盒内衬是用再生纸浆压模成型的,其结构合理、轻便,既节约了资源又降低了包装成本,还可回收降解;用再生纸浆模料设计的鸡蛋包装,既很好地保护了商品又给人质朴温馨感。因此,

---

❶潘超颖.论绿色包装概念在艺术设计中的体现[J].中国文艺家,2019(1):159-160.

要加强对再生材料的运用和对再生材料所具有的特殊美感的认识,巧妙地使再生材料发挥更大、更有效的作用。

又如,三星手机GalaxyS5的包装盒采用了全新的设计,包装盒为长方体结构,盒子以暖黄色为主打色,给人一种温馨的感觉,盒子侧身附有贴心提示:"此包装采用了100%可再生环保纸质,字体采用大豆油墨印制(以大豆油为材料所制成的工业印刷油墨,是一种环保的油墨),可循环利用率为100%。"

(三)减量化

减少设计要素的同时就会省资源、省能源。"部分削减"是指将过去由许多部件构成的包装中多余的一些部件除去。例如,在产品设计中减小体积,精简结构;在生产中降低消耗,对加工水平提出更高要求;在流通中降低成本;在消耗中减少污染、减少垃圾,这就等于是节省资源、节省能源。

要做到减量化的设计,需要企业与消费者双方的价值观有所改变,不贪图过多豪华、浮夸的视觉效果,而追求更加实用、有效的包装。减量化设计将会使今后的包装设计逐步转向"轻、短、薄、小",产品结构趋向小型化、简洁化和便利化。一些食品包装运用小而精的包装,既方便又卫生,又给人可爱灵巧的感觉,非常好地运用了适量化包装。例如,纸盒包装,纸盒包装的封口结构打破了方形的单一和普遍,更具装饰效果,简朴的文字与图案相结合,表现出一种传统怀旧的风格。同时简单的外部装潢节省了成本,减少了浪费,避免了对环境的破坏,也明确了简约、质朴的性格特征。

(四)零废弃包装

零废弃是指通过巧妙的结构设计,包装在使用过后没有一点浪费,可以被再次利用,将包装对环境的污染降至为零。包装即是产品,有些设计中包装就是产品的一部分,两者有机地结合在一起;有些设计则将包装的功能进行了延展,在完成对原有商品的包装后,又延伸出新的使用功能。其实最有效的包装效果是不使用包装材料的包装,即无包装的包装,但在生活中有些产品是必须要通过包装,才能将其很好地保护送到消费者手中,这样就需要我们创造出既实用又环保的包装。

例如,我国早先用于糖果上的糯米纸就是可食用的环保包装纸。现在我国正在研发更加实用的可食用包装材料,可以根据温度控制材料与水的溶解。同时在开发一种新型材料,它对人体无害,能与稻壳粘在一起,可以直接食用,用它来做月饼的包装盒会有意想不到的效果。

又如,可食用的水杯设计,它改变了以往的生产过程和材料使用。产品用可食用的材料制成,在不需要该产品时,完全可以用食用取代丢弃,百分之百可降解。

(五)抛弃容易化

在抛弃用完的包装时,消费者难免会有许多迷惑。为了除去消费者的这一烦恼,促进适当的抛弃是"绿色"包装设计的使命。

例如,EcoBag环保袋设计,这个新型品牌购物袋本身是纯自然的。购物袋的材料中被嵌入不同种类的种子,在用完后把它丢弃在任何地方都会在雨后分解并长成一片草地、甘菊、三叶草等。这是一款真正的环保购物袋。

(六)利用自然素材

在包装设计中,开发绿色环保生态型的包装材料,对环境的保护有着重要的作用。例如,包装冰激凌的玉米烘烤包装杯不仅具有实用价值,而且环保无污染;使用粽叶包装,属于自然素材,又是可循环使用材料,可以增加循环利用率;使用可降解材料,材料使用后可在自然环境中逐步分解还原,最终以无毒形式回到生态环境中;等等,都是节约资源的有效途径。

又如,用土豆泥制作盛物盘或产品内包装,既克服了产品交叉感染或泄露的问题,又因质地清脆而减轻了重量,还是一种可完全生物降解的材料,可在几天内实现完全、无害降解,是不可替代的环保材料。

二、概念包装

概念设计于20世纪60年代由意大利提出后,在短短几十年里被扩展延伸到诸多领域,成为各行业发掘自身创造力的核心手段。概念设计以抽象的思维形式为主线,在对预设目标充分理解后,确定设计理念与构想,寻找实现目标的途径与方法,它是整个设计过程的初始阶段。概念设计突出思维形式对设计对象本质属性的表达,因此可以延伸出新奇、前瞻、创新等含义;同时它是一个由模糊到清晰、由抽象到具象,为详细设计提供理念与实践依据的设计过程。因此概念设计富有创新性、前瞻性和市场预测的功能,是设计师对于设计理念与设计思想的具体体现。

概念包装多元的设计形式可以从功能、形态、储运、展示、销售、结构、材料、工艺、装饰等方面入手。设计师需要就涉及的相关内容进行广泛深入的挖掘,根据需要的目标主题,提炼出概念主题,然后深入开发,使设计有相当的深度,做出有据可依的设计,表现出前沿性的设计思想和设计水平,并且符合科技发展的水平。概念包装的方法主要体现在以下几个方面。

（一）对现有包装的功能进行拓展

包装的功能主要是保护、便利、促销与装饰。设计师可以利用可持续设计的思路，对现有包装的功能进行拓展，尤其是延伸废弃包装的使用空间，使之成为概念包装进行前瞻性预想的思考点。大量的包装被丢弃既是增加社会负担，又是对可利用资源的浪费。例如，月饼包装的设计一直遭到消费者的诟病。因此，可以在设计阶段加入再利用考量，如预先模切成一些生活小用具，使其在丧失包装功能后又能建立新的使用功能。

"tu-turtd"是一个集合包装和展示功能的设计，单纯地称呼其为花瓶或包装都有些不恰当。作为 Rock Paper Scis-sors 设计公司在2007年东京设计周上的展出作品，"tu-turtd"从功能上延展了鲜花包装的空间与时间。由 PET 材质塑料围合的半密闭空间给予了花卉展示自我美感的独立空间，在商店或者回家途中又能保护鲜花。包装底部是由可回收纸制作的支撑"花瓶"。

（二）对包装的形态进行变化

形态是包装最直观的表现形式。包装的形态由包装造型、结构、材料几部分构成。包装形态变化的艺术形式既呈现出对包装体进行形体外观的构思与创造，也需要考虑到内在艺术性与外部功能性的关系。

外部功能性主要是在借鉴传统和现代的设计形式，做出适量满足保护、促销等功能的全新造型包装，以完成物的构成；内在艺术性是在物的基础上，利用出人意料的创意，大胆创造出能展示产品内在文化价值与艺术品位的包装形态。形状与神态的完美结合，才能为形态发生巨大变化的概念包装赋予新的意义，使其具有使用与欣赏的愉悦。

Sylvain Allard 学生的包装作品对于酒瓶瓶标提出了突破性的形态变化创意。对一张再简单不过的纸张，运用围合、剪切、弯曲等结构设计，探索纸张这种材料的表现语言，光线与阴影同样成为塑造形态的元素，同时也重新确定了纸张材料在包装中表达的极限。在这样的概念包装设计中，探索与创造取代了约束与限定，而那些限制往往是为了达成运输便捷与市场营销的需求。

（三）材料的并置与嫁接

现代新形态包装应通过对新兴设计概念的导入，寻求创新性与可行性的平衡，最终获取市场的未来空间。而材料既是造物的基础，也是概念最终落地的具体表达，同时材料能促使设计理念与思维更具感性特征。

包装材料对视觉、触觉、嗅觉等感官所激发的心理感受与记忆，并结合包装的结构、图形、色彩、文字等元素，构成了整体包装的设计语言表述。包装材料各具特点的物理特性、感觉特性、文化特性,以及材料的质地、肌理、色彩等要素都是包装设计中不可缺失的表现内容。对于包装材料的再认识,即是从感觉特性上深入发掘材料的感性特征,能够帮助开发符合现代人的生理及心理需求的"感性"包装。

澳大利亚 Marc Newson 设计的手提箱式的单瓶香槟王"Dom Perignon"包装,简单轻便、易于携带。香槟酒瓶被两个黑色聚碳酸酯壳体包围,再用螺丝钉加以固定。聚碳酸酯壳体材料具有较好的抵御冲击能力,还能保持温度,因此消费者可以随时随地享用冰冻的香槟酒。香槟王的瓶形一直保持不变并深入人心,具有良好的品牌符号意义。而黑色外包装按照内部酒瓶模具成型,使盒子好像瓶体的影子一样,突出了玻璃瓶形流畅的线条美。玻璃与聚碳酸酯材料在光泽度上相互对比,像月与影一样相映成趣。

(四)运用趣味与夸张相结合的形式

趣味与夸张是指使用物品过程中获得愉快、有趣、难忘的体验,这是一个特殊的形式组织过程,常常表现为由常理性向非常理性的转变。那些常规与变异、正经与荒诞、真实与虚幻、有序与无序的对照都能表达出游戏、谐趣的艺术形式。

趣味与夸张艺术形式的运用实质,反映出概念包装注重消费者的情感需求与精神层面的满足。在包装的造型、材料、外观装饰中融入更多幽默、夸张、诙谐以及乐观的情感因素有利于缓解现代社会的压力,并赋予包装这种商业形态更多生命活力。在会心一笑之间,传达出的是对生命的释然和对人脑智慧的叹服。

STUDIOM 工作室设计的"happy pills"糖果包装采用了医疗急救包和药瓶的包装形式,诙谐幽默、干净简洁。国外一些消费者对药品有依赖性,常常要吃各种各样的保健药品,"happy pills"正是对这一社会文化的借用。

第三节 适度包装与人性化包装

一、适度包装

(一)适度包装的释义

由建筑大师密斯·凡德罗提出的:"少即是多"(Less is more)。但又绝不是简单得像白纸一张,让你觉得空洞无物,根本就没有设计。加法容易减法难,做包装是给商品锦上添花,但又需要做到简约而不简单,这就需要对商品进行适度包装。如今,当我们看到越来越多的"简约包装设计""适度包装设计"出现在市场中时,这正说明了消费者关心的是资源回收、生物动态和一个更加美好的世界。在时代的推动下,适度包装设计无疑成为更胜一筹的趋势❶。

"适度包装设计"一词的出现,表明包装设计已脱离了仅仅追求过度华美的视觉效果的取向,创造适合人们生活和发展的尺度包装才是本质和核心价值。"适"体现了包装设计应有的姿态,不需要过多的浪费,也不可以出现过少的缺失,包装逐渐开始强调"刚刚好"的观念。

(二)适度包装的设计手法

1.更少的设计,更多的想法

许多优秀设计师在对产品进行包装设计时都会尝试着改良,如原来复杂的包装,通过更多的想法使之简约化,从而达到节省资源的目的。例如,我们生活中经常使用的牙膏的包装,一款纸皮牙膏经过设计师的缜密思考解决了这个难题,既精简了外包装,同时也让牙膏在使用时更容易被挤出来,且管内剩余的牙膏达到最少。此外,它楔形的纸盒设计在运输时还可以节约大量空间,进一步节约了成本。这就体现了包装中更少的设计,更多的想法。

2.减少繁杂的元素

在包装设计中,设计师应尽量减少繁杂的元素。例如,日本消费者更注重产品本身,商家一般不会对外包装过分下功夫。走进日本的百货店,产品包装

❶刘畅.商品包装的适度设计研究[D].苏州:苏州大学,2019.

都十分淡雅,大都以环保的纸盒为主,几乎看不到礼盒的身影。

3.优质、天然、和谐相结合

优质、天然、和谐这三个概念不需要反复地一层又一层包装,只需要巧妙的结构、色彩和图案的搭配完全可以实现。有时简约也可以很前卫。例如,日本人用稻草包裹蛋、草绳子,这些包装元素都增强了礼品的新鲜感和自然质地,同时也体现出送礼人的耐心与技巧,并表达了对别人的尊重。

4.简单与华丽之间取得平衡

月饼、粽子、茶叶、干货等这些具有中国文化特色的产品,传统意义上本来是简朴的,但由于近些年沾染了过多的商业利益色彩,它们都被"豪华"了。渐渐地,这些走上豪华路线的产品不仅背上了浪费资源、破坏环保的骂名,也因其助长社会不良风气而广受道德伦理的指责。

在包装设计中,将人本主义、绿色设计,融入包装的设计理念中,将社会责任和职业责任融于一体,每个包装企业都能生产出简约、时尚、环保的包装,给人类一个美丽简洁的世界。总之,设计师要在简单与华丽之间取得平衡。

二、人性化包装

(一)人性化包装的释义

包装设计的人性化趋向是力求将人与包装的关系转化为类似于人与人之间的一种可以相互交流的关系,是以人为中心,满足人普遍的生理、心理需求。人性化趋向的包装设计就是一种以人为中心,满足人普遍的生理、心理需求,合乎生态环境要求、合乎科技手段要求、合乎商品自身要求的包装。

(二)人性化包装的设计方法

当前,设计越来越崇尚人性化趋向,它不仅仅是设计技术层面的人性化,更重要的是设计观念上的变革。包装设计既要满足消费者的物质需求,又要满足消费者的精神需求,能够引导消费,从而提高人们的审美情趣。人性化趋向的包装设计体现在包装的造型结构、视觉形象、文化内涵和人体工程学等各个方面。其设计方法主要体现在以下几个方面。

1.包装设计体现情感化

例如,极具代表性的包装设计"酒鬼"酒,以类似于捆扎好的饱满的麻袋造型设计瓶形,乡土味十足。对消费者而言造型自然,返璞归真,表达出了历史的厚重感,加之造型表面设计有麻袋的自然肌理,更是引发了人们对贴近自然、寻求真实的联想,使得包装形成了一种与人相互交流的关系。又如,一些巧克力、喜糖心形系列外包装,以特殊的"心"形态应用在包装上,既形象生动又亲切喜庆,突出了包装产品的特性,体现出和消费者心灵上的交流。新型的包装盒给人以甜蜜温暖的感受,让人在获得产品的同时获得一份温馨的亲切感。

再如,泰国流行的kokoahut休闲食品购物袋。这是一款需要使用者参与再设计的礼品包装袋。将包装袋上预先刻好的小三角图形抠掉,露出包装内的颜色,组成自己想要的图形,一款由你自己动手设计、制作的礼品袋就产生了。这份特殊的礼品送出的不仅仅是产品,更多的是你一片浓浓的情意。包装使用者的参与体现着一种互动,并且附加包装使用者的个人情感在其中。

2.包装设计体现方便性

有些产品的包装因其功能的不同,在设计上是有差异的。例如,有些包装是为了生产厂家便于储存运输或将单体物品集中包装,则在结构和材料的设计上侧重于制作结实耐用,提高空间利用率的包装,并不过多考虑造型外观。也有一些包装结构在设计时,是将消费者的携带、使用是否方便作为设计要考虑的首要问题。

3.包装设计要"关心人,以人为中心"

包装设计还要考虑不同消费者的需求,体现出"关心人,以人为中心"的人性化设计宗旨。例如,英国有一项研究是"开启食物包装所需的力度"研究,这对老年人、残疾人来说是很具有实际意义的。又如国外流行的"无障碍"包装设计,方便特殊群体的需求,很具有人性化。日本的法律规定在酒类包装上应注有盲文,对于盲文的使用者来说,这种周全的包装设计会给生活带来极大的方便。包装设计要努力体现人性化的关怀,满足不同消费者的实际需要,这将具有相当大的社会意义。

作为一名有社会责任心的设计师,要以人为中心,要从弱势群体心理需要来对包装设计进行深入的研究,深入了解和分析弱势群体,避免设计师主观设计而引起的消费与使用不协调、增加弱势群体的使用难度等问题,使设计的包装更加人性化,增加更多的人文关怀,使消费对象满意,从而实现最终的消费购买。

例如,瑞典设计师Jageland Hampus为有视力障碍人群特别设计的"a b"调味品包装。该包装上的"a"和"b"的简单标志在包装上显得特别醒目,弱视者很容易辨认出来,而且他们针对盲人消费者的需要,在包装上加入了可触摸的盲文设计,盲人通过触摸就能感知包装上的商品信息。这体现出了包装设计中的人文关怀和对人文精神的追求。

第四节　计算机时代的包装

20世纪80年代以来,计算机被广泛应用到平面设计领域,迅速颠覆了传统的平面设计过程。计算机硬件与软件的高速发展,为平面设计提供了便捷的操作条件,使计算机不仅仅能够大量缩短平面设计的时间,同时开拓了一个利用计算机从事创意设计的新天地。

包装设计属于平面设计范畴,计算机技术的普及同样给包装设计带来全新的设计理念。无论是版式编排、图文处理,还是后期的完稿制作,计算机技术都为其提供了前所未有的方便和快捷。目前,包装设计的常用软件包括Photoshop和Illustrator。另外,还可以利用3D软件直接模拟容器造型的造型设计、色彩、结构、角度、材质等。

下面通过包装实例的设计、制作过程来进行的解析。

一、实例引导

葡萄酒的包装一般由玻璃瓶和瓶签两个部分组成,瓶签材料为纸材。葡萄酒包装设计制作由Photoshop软件和Illustrator软件配合使用完成。

二、设计制作步骤

(一)绘制葡萄酒瓶签正面图

运行Photoshop软件,选择"文件"—"新建"命令,根据葡萄酒瓶的尺寸确定瓶签大小,以设置参数。参数包括出血尺寸。

选择"编辑"—"填充"—"前景色"命令,设置参数为C:0、M:0、Y:20、K:0,并填充颜色。新建图层于底图之上,选择"渐变工具"中的"前景色到透明渐变",设置参数为C:0、M:65、Y:65、K:0,由上至下做渐变。

选择"图像"—"模式"—"灰度"命令,将素材图的色彩模式转变为灰度。

选择"窗口"—"通道"命令,按住"Ctrl"键的同时通过单击鼠标将灰色通道选中,图层面板中新建一层,将选中的部分填充黑色。将这一图层中的图拖至瓶签文件中。

选择"图像"—"色相/饱和度"命令,调出与画面协调的棕色调。

选择"文字工具"命令,输入产品名称的中英文,选择"窗口"—"文字"—"字符"命令,在对话框中设置字体、字宽、字间距和字体颜色的参数,葡萄酒瓶签正面图即可制作完成。

(二)绘制葡萄酒瓶签背面图

运行Photoshop软件,创建一个与瓶签正面图尺寸相同的文件,并将包装正面图中的部分对象选中,选择"编辑"—"复制"—"粘贴"命令至瓶签背面图中,将文件存储为"瓶签背面底图.tif"。

运行Illustrator软件,选择"文件"—"置入"命令,在瓶签背面底图上选择"文字工具"命令,输入葡萄酒的说明性文字,选择"窗口"—"文字"—"字符"命令,在对话框中设置字体大小、行距、水平缩放、垂直缩放、字间距的参数,选择"窗口"—"文字"—"段落"命令,选择段落的对齐方式。

(三)绘制葡萄酒包装效果图

运行Illustrator软件、选择"文件"—"新建"命令、设置参数。

选择"钢笔工具"命令,勾出酒瓶的外形并设置参数,前景色为C:0、M:0、Y:0、K:0,描边颜色为C:0、M:0、Y:0、K:100。存储文件格式为ai。

运行Photoshop软件。选择"文件"—"新建"命令,建立新文件,选择"文件"—"置入"命令,在文件中置入Illustrator里的酒瓶。

选择"编辑"—"填充"—"前景色"命令,设置参数为C:0、M:0、Y:20、K:100。

选择"工具箱"—"椭圆选框工具"命令,将酒瓶的瓶颈部分选中,设置参数为C:50、M:100、Y:95、K:30,填充颜色。

选择"工具箱"—"钢笔工具"命令,将瓶颈的高光部分勾画出路径,将路径变为选区,选择"选择"—"修改"—"羽化"命令,设置参数为10,前景色设置为白色并填充。

选择"工具箱"—"钢笔工具"命令,将瓶颈的暗部勾画出路径,将路径变为选区,选择"选择"—"修改"—"羽化"命令,设置参数为10,前景色设置为白色并填充,选择"图层面板"—"不透明度"命令,设置参数为60%。

将瓶口的部分选中,选择"图层"—"图层样式"—"混合选项"—"投影"命令,设置参数。完成之后再选择"图层"—"图层样式"—"混合选项"—"斜面和浮雕"命令,设置参数。

运用瓶颈的绘制方法来制作瓶身的立体效果。

　　将瓶签正面图打开并拖入酒瓶效果图中,向左旋转90°,选择"滤镜"—"扭曲"—"切变"—"折回",手动调整弧度大小。再向右旋转90°,使瓶签与酒瓶相吻合。

　　运用同样的方法将瓶签背面贴敷于酒瓶上。葡萄酒包装的效果图即可制作完成。

[1] 白晓,周靖明.浅析中国传统美术色彩在包装设计中的应用[J].艺术品鉴,2016(5):52.

[2] 郝凤枝.混合式教学模式在包装设计课中的应用研究[J].绿色包装,2021(9):60-63.

[3] 胡继全.纸质包装设计对品牌塑造的影响研究[J].造纸信息,2021(2):81-82.

[4] 焦丽.试分析现代包装设计发展的潮流与趋势[J].北京印刷学院学报,2021,29(S2):4-6.

[5] 李娅.基于绿色低碳理念的日化包装设计研究[J].日用化学工业,2022,52(3):316-321.

[6] 李永慧.基于设计思维的包装设计课程探讨[J].设计,2022,35(4):87-89.

[7] 刘畅.商品包装的适度设计研究[D].苏州:苏州大学,2019.

[8] 刘剑.基于产品语义学的文创产品包装设计研究[J].华东纸业,2022,52(1):19-21.

[9]刘勇,柳寶炫.品牌延伸系列化包装设计的表现形式研究[J].湖南包装,2018,33(3):33-36.

[10]罗仕明.形式美法则在平面设计中的应用[J].包装工程,2017,38(18):270-272.

[11]马旭.图形创意在视觉传达设计中的运用策略[J].大观,2022(2):3-5.

[12]潘超颖.论绿色包装概念在艺术设计中的体现[J].中国文艺家,2019(1):159-160.

[13]史菁一,庄一兵.色彩与包装设计的关系[J].大观,2021(12):95-96.

[14]孙丽.传统文化元素在现代包装设计中的应用研究[J].绿色包装,2022(2):67-72.

[15]孙思洁,李浩然.中国传统色彩在现代包装设计中的审美意境[J].流行色,2021(12):60-61.

[16]孙鑫.低碳理念下产品包装设计探究[D].沈阳:沈阳建筑大学,2015.

[17]汪艳.产品商业化流程中的包装创新与设计[J].中国包装工业,2015(Z1):68-71.

[18]王月芳.包装设计中的传统视觉符号应用[J].包装工程,2022,43(2):367-369,386.

[19]吴萍,郭怡瑛,黄镇涛.五粮液国将·包装容器创意设计[J].包装工程,2022,43(2):423.

[20]袁维青.那些年,那些事——目睹我国包装设计交流之历程[J].湖南包装,2017,32(3):1-7.

[21]张洁敏.高职包装设计课程项目化教学模式研究[J].郑州铁路职业技术学院学报,2022,34(1):78-80.

[22]张银.视觉传达设计的创新设计理念[J].艺术品鉴,2021(36):44-46.

[23]张英政.浅析市场调研对于产品设计的应用——以

LOGO和包装设计为例[J].明日风尚,2018(15):55-57.

[24]张雨濛.便携式整体包装设计应用研究[D].长沙:湖南师范大学,2021.

[25]周雅琴,王文瑶.思维定势行为在功能性包装设计的应用[J].设计,2021,34(23):139-141.

[26]周月麟.文字设计在纸包装设计中的运用[J].中国造纸,2022,41(3):9.